猪和家禽营养试验实用指导手册

[英]Michael R.Bedford（迈克·R.贝德福德）
[澳]Mingan Choct（明根·朝格图）　编著
[英]Helen Masey O'Neill（海伦·马西·奥尼尔）

潘雪男　刘文峰　敖志刚　主译

中国农业出版社
北　京

图书在版编目（CIP）数据

猪和家禽营养试验实用指导手册／（英）迈克·R. 贝德福德（Michael R. Bedford），（澳）明根·朝格图（Mingan Choct），（英）海伦·马西·奥尼尔（Helen Masey O'Neill）编著；潘雪男，刘文峰，敖志刚主译 .—北京：中国农业出版社，2019.8
　　ISBN 978-7-109-24607-2

　　Ⅰ.①猪… Ⅱ.①迈… ②明… ③海… ④潘… ⑤刘… ⑥敖… Ⅲ.①猪－家畜营养学－实验－手册②家禽－饲料－营养学－实验－手册 Ⅳ.①S828.5-33②S816-33

中国版本图书馆 CIP 数据核字（2018）第 210216 号

Translation from the English Language edition：Nutrition Experiments in Pigs and Poultry：A Practical Guide
Copy right ⓒ CAB International (2016).
本书简体中文版由 CAB International 公司授权中国农业出版社独家出版发行。
北京市版权局著作权合同登记号：图字 01 - 2018 - 8280 号

中国农业出版社出版
地址：北京市朝阳区麦子店街 18 号楼
邮编：100125
责任编辑：刘　玮
版式设计：王　晨　责任校对：吴丽婷
印刷：北京通州皇家印刷厂
版次：2019 年 8 月第 1 版
印次：2019 年 8 月北京第 1 次印刷
发行：新华书店北京发行所
开本：700mm×1000mm　1/16
印张：9.25
字数：200 千字
定价：88.00 元

主编简介

Michael·R. Bedford 博士

1981 年，迈克获英国诺丁汉大学动物营养、生理学和生产学理学学士。随后，他前往加拿大圭尔夫大学，师从 J. D. Summers 教授，并于 1984 年获得理学硕士学位，硕士论文为《肉鸡氨基酸需要》。然后，迈克在同一学校继续深造，师从 T. K. Smith 教授并获博士学位，博士论文题目为《肉鸡的多胺代谢》。然后，他先后在蒙特利尔（麦吉尔大学，1988—1989 年）和萨斯喀彻温大学（1989—1991 年）完成了两项博士后研究项目，后一项博士后研究课题是《饲用酶制剂在肉鸡饲料中的应用》。完成第二项博士后研究后，他于 1991—2001 年被该项目赞助商芬恩饲料国际有限公司（Finnfeeds International Ltd）聘任，最初任该公司研发经理，随后升至研发总监。迈克随后更换公司，担任 Syngenta 动物营养公司研发总监（2001—2007 年）；之后，2007 年至今，迈克任职于英联 Vista 饲料原料有限公司。一直以来，他商业研究的主要领域是饲用酶制剂在单胃动物营养中的应用，不过他也涉及其他研究领域，如酵母和甜菜碱。在其商业生涯中，迈克发表了大量科学论文，并与 Gary Partridge 博士共同主编了《酶制剂在动物营养中的作用》（*Enzymes in Farm Animal Nutrition*）的两个版本。

Mingan Choct 博士

1983 年，获得中国内蒙古农业大学学士学位；1989 年，获得澳大利亚新南威尔士大学理学硕士学位；1991 年，获澳大利亚悉尼大学博士学位。

1991—1995 年，在澳大利亚阿德莱德就职于澳大利亚联邦科学与工业研究院（Commonwealth Scientific and Industrial Research Organisation, CSIRO）人类营养部。1995 年，Mingan 博士重返学术界，进入新英格兰大学（位于澳大利亚阿米代尔）任教，目前他担任该校的动物营养教授。Mingan 教授的学术兴趣涉及碳水化合物的化学与营养、饲用酶制剂、能量评估和家禽营养与疾病的互作。他已经指导了许多研究生，在期刊和学术会议上发表了大量论文。他是科学团体的积极分子，担任多种期刊的编辑、助理编辑和编委会成员。2003 年，Mingan 教授设立家禽合作研究中心（Poultry Cooperative Research Centre，Poultry CRC），15 年来共获得资助超过 1.74 亿澳元，用于解决澳大利亚家禽业面临的科学和教育挑战。自家禽合作研究中心成立以来，Mingan 教授一直担任首席执行官。

Helen Masey O'Neill 博士

又名 Nell，英国诺丁汉大学营养生物化学专业毕业后获得学士学位，并由此进入农业科学领域工作。随后，Nell 师从 Julian Wiseman 和 Sandra Hill 教授攻读博士学位，博士论文题目为《储存和定温处理对小麦在家禽饲料中的营养价值的影响》，这使她对饲料评价产生了浓厚的兴趣，特别是在饲料的能量方面。2010 年，在经过了一段时间的博士后研究工作和执教后，她加入英联 Vista 饲料原料有限公司的研发团队，具体从事木聚糖酶产品的开发及其在猪和家禽日粮中的应用。该研发团队获得的海量数据意味着她们拥有了组合统计分析的基本条件，同时她们团队还开发了全息分析（Holo-analysis）法。在此工作期间，Nell 对试验设计产生了兴趣，特别是对动物营养领域尤其是如何设计最佳的试验来测定新型饲料添加剂。近年来，对 Nell 来说，这已经发现并推动了更多的面向数据（data - oriented）的作用。Nell 也是世界家禽学会（World's Poultry Science Association，WPSA）英国分会（WPSA UK branch Council）的会员，并积极参与举办研讨会和一年一次的春季会议；Nell 参与了 2014 年的研讨会，并在这次会议上构思了本书。Nell 还是诺丁汉大学荣誉讲师，为学士和硕士主讲多个营养模块课程。

编者简介

Rashed A. Alhotan　目前在美国佐治亚大学攻读博士学位，同时也是沙特阿拉伯国王大学（位于沙特阿拉伯利雅得市）的讲师。2005年，他在阿拉伯国王大学获得动物生产学士学位；2011年，他在美国内布拉斯加州大学林肯分校获得动物科学硕士学位。目前，他的研究方向是采用实用技术改进家禽配方以减少营养的变异性，说明成品饲料中非必需氨基酸的用途，并利用折线模型估测饲料原料的最大安全水平。

Lynne Billard　格鲁吉亚大学的统计学教授。1966年，她获得了澳大利亚新南威尔士大学一等学士荣誉；1969年，她在该校获得博士学位。她曾任美国统计协会主席和国际生物统计学会国际主席。Lynne教授已发表250多篇论文，包含6本专著，并发布了农业、生物学、流行病学、教育和社会科学方面的应用程序。Lynne教授是美国统计协会、美国数理统计学会和美国科学进步协会的会员，并当选国际统计学会正式会员。Lynne教授获得了许多奖项，其中包括威尔克斯奖（Wilks Award）。

Manuel Da Costa　美国佐治亚大学家禽科学系博士研究生。2010年，他在葡萄牙波尔图大学 Abel Salazar 生物医学科学研究所（Institute of Biomedical Sciences，ICBAS）获得兽医学博士和理学硕士学位；2013年，获美国北卡罗来纳州立大学理科硕士学位。他的研究方向是家禽健康和管理，重点之一是家禽营养和数学建模。他在同行评审期刊上发表了5篇论文，并在国际会议上发表了20多篇摘要。他还获得多个奖项，包括因在动物肠道健康方面取得的研究成果获得的 2015/2016 Phibro 动物健康团体奖学金。

David Lindsay　动物科学家，同时也是西澳大利亚大学农业学院的教师，已经任教33年。他担任西澳大利亚大学农业学院院长达11年并担任农业研究所所长9年。1999年，他从大学退休，随后开始在澳大利亚致力于科学传播课程，并着力组织开展国际间交流。他撰写了多本有关科学写作的书籍，最近出版的专著有：2011年由澳大利亚联邦科学与工业研究院出版的《科学写作＝用词思维》(*Scientific Writing ＝ Thinking in Words*) 和法国码头 (Éditions Quai) 出版社出版的法语版《科研写作指南》(*Guide de rédaction scientifique*)；2012 年，由西班牙 Editorial Trillas 出版社出版的西班牙语版《科学研究用词指南》(*Guía de redaccíon científica-de la investigation a las palabras*)。他是澳大利亚技术科学与工程学院的特别研究员，还因在农场动物繁殖生理学上的研究成果被任命为澳大利亚政府的一名官员。

John Patience　自 2008 年以来一直担任美国爱荷华州立大学动物科学系猪应用营养学教授。他是一个坚韧的安大略本地人，分别获加拿大圭尔夫大学农业学士和硕士学位，随后获美国康奈尔大学博士学位。在美国爱荷华州立大学工作期间，他的研究重点是猪的能量供应和利用，特别是纤维和脂肪以及外源性酶的应用、日粮组成与猪胃肠道生理功能的关系、原料评估、断奶-育肥猪的饲喂和管理。他在相关期刊上发表了 100 多篇文章，在美国、加拿大和国际上应邀发表 350 多次演讲报告。他是加拿大动物科学学会和美国动物科学学会中西部分会前任主席，目前是动物科学杂志 (*Journal of Animal Science*) 副主编。2010 年，他被选为加拿大动物学会 (The Canadian Society of Animal Science) 特别研究员。2015 年，他荣获动物科学学会联合会-美国饲料工业协会 (Federation of Animal Science Societies-American Feed Industry Association, FASS-AFIA) 动物营养前沿研究奖。

Gene Pesti　美国佐治亚大学家禽科学和动物营养教授。他于 1972 年在美国俄亥俄州立大学获得农学学士学位，1976 年在美国奥本大学获得硕士学位，1980 年在美国威斯康星大学麦迪逊分校获得博士学位。他发表了 200 多篇有关家禽营养、饲料配方和家禽行业方面的出版物，其中包括 3 本专著。他是美国大学和农业教师协会的教师会员，并获得了许多奖项，如美国国家鸡肉委员会的肉鸡研究奖、美国饲料工业协会的营养研究奖、美国鸡蛋委员会的研究奖和科学成就方面的赢创·德固赛奖 (Evonik Degussa Award) 等。

译 者 名 单

主　译：潘雪男　刘文峰　敖志刚

副主译：董京宏　高和坤

译　者：万建美　乔　伟　李新良　潘雪男　侯　磊

　　　　王鹏祖　刘平祥　王乐华　王晶晶　崔志英

　　　　周　琳　刘　莹　潘　军　敖志刚　周惟欣

　　　　金立志　殷跃帮　吴兴利　封伟杰　张淑枝

　　　　邵彩梅　刘世杰　刘文峰　魏　霞　鲍英惠

　　　　董京宏　高和坤　姜树林

译者序

  饲料工业在我国发展有近 40 年的历史，特别是近 10 年来，大型饲料企业（集团）和养殖企业（集团）发展迅猛，规模空前。与此同时，越来越多的饲料和养殖企业（集团）开始重视新原料和新型饲料添加剂的评估工作，饲料原料和饲料添加剂的评估以及论文的发表也不再是科研院所和高校的"专利"，译者在生产实际中发现，动物的试验设计和试验报告撰写等方面几乎成了"短板"。要么试验设计错误，要么统计方法错误，这些问题看似"瑕疵"，实际上会让企业（集团）付出昂贵的代价，而本书的出版恰逢其时。

  本书由英国英联 Vista 饲料原料有限公司 Michael R. Bedford 博士、澳大利亚新英格兰大学教授 Mingan Choct 博士和英国英联农业有限公司 Helen Masey O'Neill 博士编写，全书共 8 章，主要介绍在进行猪和家禽营养试验时需要掌握的一些知识点和关键点。本书的内容精炼，浅显易懂，深入浅出，能够帮助饲料和养殖企业（集团）提高营养试验的效率，降低试验成本，是一本实用价值非常高的工具书。

  本书的翻译由曾经负责并参与《现代养猪生产技术》和《猪群健康管理》翻译的《国外畜牧学——猪与禽》杂志总编潘雪男高级畜牧师全面负责，并邀请了谷实农牧集团股份有限公司技术经理刘文峰和辽宁奥博生物技术有限公司技术总监敖志刚博士作为第二和第三主译，参译人员均为来自企业生产一线的实践经验丰富的专业技术人员。

  本书可作为饲料和养殖企业（集团）研发人员必备用书，也可作为动物营养与饲料科学专业师生的参考用书，鉴于译者水平有限，翻译错误之处在所难免，望广大读者批评斧正。

致　谢

　　大量有潜在价值的研究常常因为一个简单的设计缺陷、使用错误的饲养标准、统计分析问题或缺乏恰当的日粮描述而不能发表。这些错误似乎一而再、再而三地重复发生。我们从自己在论文评审上的经验和我们自己失败的试验中体会到这一点。因此，我们决定撰写这本书，希望本书可以帮助从事猪和家禽营养研究的科研人员避免在试验和分析中出现代价昂贵的错误。

　　我们要感谢很多人的付出，正因他们的付出使本书得以完成。感谢相加起来有着100多年商业性试验经验的三位澳大利亚动物营养学家David Cadogan博士、Geoff Clatworthy博士和Tim Walker博士，他们为本书第2章的完成付出了无法估价的努力。吴树彪博士对找出第三章中与应用日粮替代分析法的计算相关的问题提供了很大的帮助。Hank Classen教授、Jean Noblet博士、Roger Campbell博士、Bob Swick教授和Frank Dunshea教授对第3章提出了有见地的意见。Hylas Choct女士帮助阐明了图6-1的含义。

　　Liz Roan女士对所有章节进行了校对和审核。她那及时而专业的编辑技能使我们能够更加轻松地编写本书。

　　我们为我们在这本书上的合作和努力而感到自豪。有了想法后，我们在没有召开一次面对面会议的前提下完成了这本书——这是对工作团队和高效利用通信工具的一次最大证明。虽然我们的工作繁忙，但是整个项目几乎如期进行，在此期间Nell有了她第一个孩子Esther，她从项目开始陪伴至完成。

　　在下班后的休息时间、周末或者旅游期间的大部分时间里，我们感激家人对我们的关爱、支持和宽容，以便我们顺利完成本书的编写工作。

Mingan，Michael和Nell

前　言

你想进行家禽或猪的营养研究吗？

你需要知道什么，你将如何去做，并怎样为科学和行业的接纳和应用发挥最大的潜力？本书（《猪和家禽营养试验实用指导手册》）为回答这些问题提供了一个良好的框架。本书是一本综合性的书，它包含在设计试验时需要考虑的因素，如合理的设计、日粮的性质和特征、如何评估营养价值和如何更好地报道研究结果；换句话说，本书包含了试验设计从试验的假设到数据的收集再到报告这一整个过程时所有涉及的因素。本书还探讨了使用全息分析法来最大限度地发挥科学文献的价值。尽管科学家们无疑拥有这些方面的知识，但是即使是我们中经验丰富的人也不可能拥有所有这些知识。如果能使这些重要信息被合乎逻辑地归纳到一篇文档中，则将可以填补出版方面的空白，因为至今为止还没有一个信息源能够以同样的方式介绍这种内容。

那么谁将会从这些信息中受益呢？很显然，缺乏经验的科学工作者将受益最大，我认为本书是送给研究生（必读）和博士后研究人员的一个完美的开学礼物。我知道我会在我的实验室中这样做。然而，本书对有经验的科学工作者也有价值，它可以作为最佳试验方案的一个提醒物，或向他们提供其可能没有考虑到的看法。本书是对辅导未来科学家的可用材料的一个理想补充。

我不可能详细介绍本书的所有内容，但本书的许多方面对我来说尤其正确。首先，最重要的是在进行试验之前，试验设计和重要文献的重新探讨（包括从以前的错误中学习）极其重要。在制定试验的初步方案时，每一个关于试验设计的决定都必须充分考虑它对试验结果和数据诠释的影响。提醒我们不只是做以前在实验室中做过的或在文献中发现的，而是在仔细考虑后决定研究细节。所做出的决定必须能够保证试验设计可以准确地检验研究的假设，并实现研究目的。其次，明确假设和目标也是非常重要的。应选择符合试验设计并允许进行逻辑解释的反应标准。即使试验在实验室中能够按要求进行，这并不能代表其是可行的。动物营养学家的研究应具有商业应用潜力，因此，试验设计和数据收集应尽可能与该研究将要应用的环境条件相匹配。这包括设计能够产生代表所测试动物遗传能力的性能标准。最后，结论的阐述必须保证能够正确理解，以能够向读者传递尽可能多的知识。

我祝贺提出本书想法并将一群优秀的作者聚集在一起的主编 Mingan、Michael 和 Nell。我认识他们已有一段时间了，尤其是 Michael 和 Mingan。作为一位资深的科技工作者，我很荣幸地见证了二位成为国际公认的科学领军人物：一位从事行业生产管理，另一位从事科学研究。本书展示了主编们的无私奉献，以使研究正确无误并且使它能够符合将要应用的行业的要求。

总之，本书是我们完成高质量研究所需时间和努力的一个理想提醒者。本书的内容可以减少错误发生的机会，减少徒劳无功且无法发表的肤浅研究以及不能实现行业应用的研究。动物营养是一门应用科学，需要丰富的知识，但也要着眼于畜牧业的应用。

Henry L. Classen

加拿大萨斯喀彻温大学教授和加拿大自然科学与工程研究理事会
(Natural Science and Engineering Research Council of Canada，NSERC)
家禽营养行业研究主席

目 录

1 营养试验设计的一般原则

M. R. BEDFORD[*]
英联 Vista 饲料原料有限公司，马尔伯勒，英国

1.1 引言

动物营养学的明确目标是促进资源的优化配置，达到期望的生产目的。饲养动物的目的是生产肉、蛋、奶、羊毛、皮革及其他许多具有重大经济价值的产品。这些产品的生产成本在很大程度上依赖于所用饲料的成本及该饲料生产所需产品的效率。为了达到这些要求，生产上通常采用最低成本配方程序来设计成本最低的配方。该程序是否能成功取决于营养需要量及饲料原料营养物质含量的准确性。营养试验是这个过程的核心，因为它们能够提供详细的信息，推进这些程序的优化。因此，在进行试验时，确保试验所得数据的准确性及与其用途的相关性是很重要的。为了理解试验报告的数据，试验方法和数据的报告也应有最起码的要求。这不仅对即将到手的数据很重要，而且对回顾性分析（retrospective analysis）也很重要，回顾性分析通过综合多个研究数据以确定整体模型是否能够根据既定生产目标更准确地预测最佳营养水平。很明显，这些综述要得到令人满意的模型取决于这些文章对相关自变量报告的一致性。遗憾的是，许多研究的结果差异很大，结果错失了发现新事物的许多机会（Rosen，2001）。本章的重点是强调在向学术研究和行业生产提供有价值的数据时，需要考虑的多种因素。对商业饲料生产商而言，它可以分为两个感兴趣的领域：营养需要量研究和原料营养物质含量研究。

1.2 营养需要量研究

任何营养试验的假设都必须是动物会对所讨论的养分产生某些明确的响

* Mike. Bedford @abvista. com

应，而不是其他不确定的响应。在试验开始前设定这种假设，然后再依假设进行试验设计。试验的目的通常是确定目标营养物质（有或者没有其他因素，如环境或饲养管理相关因素、品种、动物年龄、性别等）与所选指标之间的关系。这些指标可能是增重或饲料转化率（feed conversion ratio，FCR）或其他感兴趣的指标（如消化率，生理或代谢指标）。例如，最简单的试验是研究一种营养物质对动物生长速度的影响。在这种情况下，试验目的就是分离并控制其他所有变异源，因此，生产性能的任何变化可以明确地归因于这种营养物质的剂量变化。如果生长速度总是受限于所考察的营养物质含量，那么这个试验被认为是成功的，这些数据可以用来估计任何预期生长速度下该营养物质的需要量，直到达到某个点后生长速度不再受限于该营养物质的含量。这个点就是动物达到最大生长速度时对该营养物质的"需要量"。尽管如此，即使在这种简单的试验中，确定"需要量"时也要考虑许多附加条件。这些条件包括：

- 环境。
- 笼养或圈养。
- 饲料形态。
- 能量——氨基酸、碳水化合物和油脂。
- 纤维。
- 其他营养物质。
- 动物年龄。
- 品种和性别。
- 疾病状况。

　　在任何时候，读者都应该考虑试验条件是否反映了数据的实际应用条件。如果试验条件和数据的实际应用条件显著不同，那么这些信息无论是营养需要量还是原料营养物质含量，其相关性就需要考虑。很显然，没有哪一套试验条件可以复制出所有可能的商业应用条件，因此，商业营养师必须在考虑所获得的试验数据的同时还要兼顾动物的实际饲养条件。结果，几乎所有的营养师在设计配方时都要给关键营养物质增加"安全余量"，以此防止生产性能出现显著损失。这些"安全"的营养需要标准是以众多数据集和众多类型的试验为基础，凭个人经验总结而成。因此，通过对营养物质需要量与原料营养物质含量的精准判断，还有很大改善饲料效率的机会。本章将提醒科研人员和商业营养师注意，在估计原料营养物质含量和动物的营养需要量时哪些因素必须考虑。

1.2.1　环境

1.2.1.1　温度

　　商品动物的生长环境会使许多营养物质需要量受到影响。例如，众所周知，在炎热气候条件下，绝大多数动物的采食量将受限，导致部分以百分含量表示的营养物质的需要量增加（Dale 和 Fuller，1979）。高温也会改变动物的代谢，以至于动物在适温区表现不明显的代谢过程也需要消耗营养物质。热休克蛋白（heat shock proteins）的合成就是一个例子。研究表明，热休克蛋白对肠道完整性、机体氧化状态及消化酶的分泌有显著而广泛的好处，因此会改变动物的消化效率（Gu 等，2012；Hao 等，2012）。许多其他营养物质，如抗坏血酸可以减弱这类活性蛋白的合成（Mahmoud 等，2004；Gu 等，2012；Hao 等，2012），导致动物的生产性能受到其他营养物质而不是试验待测营养物质的影响。因此，测定动物达到最佳生长速度时的营养需要量不仅依赖于动物饲养的环境温度，还依赖于热休克能够缓减或加重的营养物质浓度或条件，这些营养物质或条件随后会改变热应激的严重程度。因此，在考虑热应激动物的试验数据时，整个日粮配方应该进行非常仔细地检查。相反，如果动物的商业生产环境就包含了热应激条件，那么这些营养物质或条件就应该考虑。

类似地，当温度低至热中性区域以下时，动物不得不消耗营养物质来维持体温。很明显，这些活动需要消耗更多的营养物质，这将提高动物在获得最大增重时对这些营养物质的需要量（Ahmad 等，1974）。由于试验开展时的环境温度对测定的营养需要量有显著的影响，所以环境温度需要进行准确记录，以使读者能够意识到试验条件对其应用效果的潜在影响。

尽管大多数热应激模型是慢性热应激而不是急性热应激模型，并且大多数情况下通常不会报道；但是，当处于急性热应激状况时，家禽会受到显著的影响，不同的是这种急性热应激环境有时会被认为是正常的、热中性区域环境。特别是处于急性冷应激条件下的幼龄动物更是如此，因为急性冷应激在一定程度上会严重影响动物的健康状态（Lubritz，1994），进而降低所得试验数据的价值。循环热应激或循环冷应激也不同于慢性应激，因为动物会适应并相应地调整采食行为。例如，处于循环热应激下的家禽会学会在较冷的时候少吃日粮以应对即将到来的温度上升（Teeter 等，1992）。如果要从试验中获得有价值的数据，报告不仅要清楚地给出动物遭受的日平均温度，还要给出每日的最低和最高温以及动物的年龄。此外，在应用这些数据时还需要考虑那些商业生产的家禽是否经历过或可能将要经历急性、慢性或循环热应激，因为这将影响营养策略的成功应用。

1.2.1.2 光照

光照强度和昼长（黑暗长度）会影响代谢的多个方面，进而会影响营养物质的需要量。较强的光照强度（特别是红光的强度）会促进家禽活动和采食，但是同样也会增加家禽的攻击性（Prayitno 等，1997），结果能量和营养物质的吸收及消耗会发生改变，因此营养的需要量也会发生相应的调整。

昼长不仅会影响家禽的运动和骨骼的完整性，而且还会影响它们的采食。较长的黑暗时间往往会减少家禽的采食量、增重、屠宰率及腿病发生率（Brickett 等，2007；Lien 等，2007，2009）。昼长也会影响肠道的消化吸收效率。对于家禽而言，较长的黑暗时间可使禽每餐采食更多，导致嗉囊容量增加。这种方式延长了饲料被润湿的时间，使得随后的消化效率更高，因此可能会降低获得最佳生产性能所需的营养需要量。较长的黑暗时间还会增加盲肠逆蠕动频率（Godwin 和 Russell，1997）。这会增加日粮中矿物元素和营养物质的吸收，因为纤维消化的主要场所是盲肠。盲肠中挥发性脂肪酸（volatile fatty acids，VFAs）和酶（细菌型植酸酶和 NSP 酶）的逆蠕动不但为动物提供了能量和矿物元素，而且研究还证明逆蠕动的 VFAs 可刺激肠道—激素途径，导致食糜在胃中的滞留时间更长，具有潜在促进胃酸分泌的作用，从而改善整体的消化效率（Masey O'Neill 等，2012；Singh 等，2012）。

荧光灯照明可以促进维生素 D 在动物体内的合成，这显然会影响日粮中维生素 D 的需要量，而且还会影响动物的钙磷代谢，这可能会改变钙磷的需要量（Willgeroth 和 Fritz，1944）。因此，营养需要量试验研究报告应给出光源、光照强度和昼长。

1.2.1.3　湿度

尽管经常被忽略，也几乎没有报道，但是高湿伴随高温会导致热应激及上述提到的问题。

1.2.1.4　空气质量

二氧化碳和氨的浓度会对动物福利和生产性能产生显著的影响。遗憾的是，许多试验报告常常忽略空气质量。二氧化碳浓度超过 4 000～6 000 $\mu L/L$ 会导致昏睡、生产性能变差，或许还会增加幼龄动物的死亡率（Reece 和 Lott，1980；Donaldson 等，1995）。环境中的氨浓度超过 30 $\mu L/L$ 就会导致饲料转化率变差、增重减少、疾病易感性提高（Johnson 等，1991；Beker 等，2004）。空气中的微粒状物质会引起相当严重的呼吸道健康问题。所有这些因素都会显著影响营养物质用于生长的分配额度，进而会影响动物的营养需要。因此，空气质量的检测也应该报道，特别是大规模的平养试验，这些空气质量问题最有可能会出现。

1.2.1.5　料槽类型和饲喂空间

许多试验分配的空间比商业生产条件下更大。有证据表明，限制动物的采食空间和饮水空间会降低随后的生产性能，特别是在使用粉料而不是颗粒料的情况下（Lemons 和 Moritz，2015）。当采食或饮水空间绰绰有余时，饮水量和采食量仅受动物食欲的限制，这时获得的结果可以认为适用于所有不受应激的情况。如果试验结果是在料槽空间不足以满足所有动物能够实现自由采食的条件下获得的，这不仅会加大个体的采食量差异（因为群体中占主导地位的个体会确保自己比居从属地位的个体能够采食更多的饲料），而且还会使实现最佳生产性能所需的日粮营养浓度因采食量部分受限而受到影响。饮水供应情况与饲料一样重要，限制饮水会限制采食，因为动物会力图使二者相互平衡。禁水很快会造成采食量猛然剧烈的下降。更重要的是，在设计试验时，不仅要防止水的慢性短缺，还要防止水的急性短缺。

对于饲料和饮水的供应，重点考虑的不仅仅是每头动物的饮水或采食空间是否充足，而且还要考虑实验动物能否正常使用这些所谓的空间。不正确的安装位置，无论是将料槽放置在角落，还是将饮水乳头升得太高使小动物够不着，都会显著限制动物的采食或饮水。另外，行为学研究表明，群养中的一些个体会形成习惯使用特定料槽或饮水器的特性，如果它们前往所偏爱料槽或饮水器的路径被阻断或受限制，那么即使圈中还有充足的料槽或饮水器可供选择，但这些个体的采食量或饮水量也将受到限制（Marini，2003）。

上述这些点在大多数文章中表述为"自由采食和饮水"。很显然，许多因素需要加以考虑以确保实际情况确实如此，确保所有动物确实是自由采食饲料和饮水的。遗憾的是，极少有研究报告给出了每头动物的饲喂空间以及饮水空间/饮水器数量，这会妨碍关键审稿人判断这些因素是否会影响效应指标。

1.2.2　笼养与圈养比较及养殖密度

与笼养动物相比，圈中群养的动物显然有更多的运动、社会交往及食粪的机会，当然这还与饲养密度有关。因此，群养动物的能量需要、回收利用粪便中营养物质的能力及对粪便微生物代谢物的利用率都与笼养动物不同，进而会影响试验结果。此外，群养规模也会影响动物的社会交往及群体阶层效应对个体摄食及饮水能力的影响，料槽和饮水器的空间不足会使情况恶化。社会阶层结构的细微差别会导致处于采食底层的动物遭受应激。这些应激常常表现为行为和激素的变化，它们会改变这些动物的代谢，结果影响其营养需要。事实上，研究表明高密度饲养会从根本上提高某些营养物质（如色氨酸）在日粮中的最佳日粮含量，这些营养物质对减缓应激上起着一定的作用。美国国家研究委员会（National Research Council，NRC）给出的3～7周龄鸭的色氨酸需要量估计值为0.17%，但是当饲养密度为11羽/m^2（比最佳饲养密度5～7羽/m^2高出许多）时，要达到最佳生长速度、饲料效率、肝脏抗氧化水平及肉品质，色氨酸的需要量应达到0.78%，是正常需要量的4倍多（Liu等，2015）。

1.2.3　饲料和饮水的形态与质量

商品生产用的动物在特定的阶段饲喂特定的饲料。通常，开食阶段用破碎料，然后随着家禽年龄的增长，改用小颗粒料，随后可能使用更大颗粒的饲料。众所周知，饲料的形态会影响动物的采食量、饲料浪费量及饲料效率（Abdollahi 等，2013），在某些情况下，饲喂粉料时观察到的效应在使用颗粒料时并不存在（Rosen，2002a；Pirgozliev 等，2016）。原料粉碎粒度及制粒调质条件均会影响饲料颗粒的硬度——这将直接影响日粮的性能及饲料的消化率（Amerah 等，2007；Abdollahi 等，2009，2013）。含小麦的颗粒饲料比粉料具有更高黏性（见可溶性纤维，下文），这会降低油脂的消化率，进而会降低脂溶性维生素的利用率。如果饲喂粉料，谷物的粉碎粒度对饲料在肌胃中的停留时间有显著的影响，而停留时间会显著影响整个日粮的消化率（Amerah 等，2007；Svihus 等，2008）。因此，所用饲料的形态及谷物的粉碎粒度应与其所代表的商业应用情况相关联。商业生产中需要警惕的是颗粒的质量与其测定的环节有关。通常，饲料在离开饲料厂时的颗粒质量都很高，粉很少；但是在经过运输并通过料线投递到动物跟前时，颗粒质量大大降低。因此，商业生产中的实际操作人员在思考颗粒质量是否会改变营养标准时，需要考虑动物采食时的颗粒质量状况。

饮水通常是不会被考虑的，但是它却会对试验结果产生重要影响。如果饮水供应受限或禁水，即使只是数小时，试验所得的生长效应将不再与正常饲养的动物相同。如果饮水富含矿物元素，如钙，那么水质就值得特别关注。在世界上的一些地方，水质普遍偏硬，饮水提供了相当于饲料中 0.1% 的钙。如果试验目的是测定动物的钙磷需要，那么这就很关键，也会影响在此情形下进行的其他所有试验的结果。饮水的微生物学指标也应加以考虑，因为它会显著影响动物的健康状况和生长速度（King，1996）。例如，众所周知，与乳头式饮水器相比，钟形饮水器更容易携带大量的细菌，结果获得最佳生产性能所需的营养需要会因这个简单的选择而发生显著的改变。

1.2.4　能量——氨基酸、碳水化合物和油脂

测定动物能量需要量或原料能量含量的试验有许多。对所有营养物质都一样，其原则就是动物随着饲料能量水平的增加而作出反应，直到能量水平达到某个点后动物不再作出进一步的反应。动物需要能量用于维持、合成代谢和分解代谢活动，这些能量通过能量源的有氧氧化或厌氧氧化而来。该方法的难点是能量并不是一种特定的营养物质，实际上是由所有以碳为基础的饲料原料提供的。因此，能量可以由诸如氨基酸、淀粉、纤维、油脂和糖等营养物质供给。由于许多能量源还具有非能量供应的作用，氧化供能会将它们从其功能池中移出。例如，氨基酸氧化将确定其只作为能量源，而不再作为合成蛋白质的组分。事实上，氨基酸氧化会在处理其氮组分时产生能量消耗。氨基酸供能取

决于氨基酸的平衡性及其他更好的能量源的供给，如糖和脂肪酸。实际上，动物的能量需要还取决于组织生长的营养物质供给——特别是氨基酸。如果日粮缺少某种氨基酸，或蛋白质整体缺乏，那么动物的最大生长速度将受到限制，结果导致动物的能量需要与所有氨基酸均满足其潜在需要的动物不同。因此，在试验估计动物的能量需要或原料的能量含量时要确保动物在能量曲线的任何点均不受任何其他营养物质缺乏的限制。实际生产中，需要高氨基酸含量的日粮。然而，日粮中的某些营养物质也不能过量，这点很重要，在处置某些过量的营养物质时需消耗能量。氨基酸不平衡的日粮就是一个例子，日粮中的氨基酸达到或超过需要量，但是一些氨基酸显著过量，多到在商业条件下就不可能存在。这会促使动物将过量的氨基酸进行脱氨反应；由于家禽尿酸的合成和清除是一个非常耗能的过程，这将干扰这类试验结果的解释。

进一步考虑的是能量源除了具有作为能量底物的作用外是否还有其他生理作用。油脂、纤维和碳水化合物都能与肠道相互作用，在一定程度上改变胰酶分泌、肠道蠕动、营养物质从肠道转运到血液的速度，以及肠道的生长与维持。这些效应是通过监测这些成分或其在肠道中的发酵产物及激素［如胰岛素样生长因子（insulin - like growth factors，IGF）、多肽 YY（PYY）和胰岛素］的相应分泌介导的（Croom 等，1999）。如果这些信号中的任何一个达到了响应阈值，能量测定试验中的表观反应就可能被误读。例如，日粮油脂会与肠道相互作用，影响多种激素的分泌，结果导致"回肠制动（ileal brake）"（Gee 等，1996；Hand 等，2013）。这种现象将食糜阻挡在胃期（gastric phase），似乎可以改善蛋白质和氨基酸的消化率。如果试验的目的是测定油脂的能量含量，而且所设计的添加水平起点比较低，逐步增加油脂添加量并超过了这个阈值就可能出现问题。显然，如果存在任何因改善氨基酸消化率而导致的生产性能改善（这并不是试验的关注点）都容易导致试验结果被误读。

因此，能量是一个非常难处理的数据，因为有如此多的营养物质及饲料成分可以提供能量，而且某种特殊能量源的利用效率可能受其他能量源供能比例的影响，如上文提到的特定油脂和氨基酸。

在这方面还需要考虑的因素将在第 5 章讲述。

1.2.5 纤维

第 4 章和第 5 章将对纤维进行更详细的讲述。然而，由于纤维对许多营养物质的消化率有影响，因此，在设计营养试验时这点不容忽视。主要考虑两点：①不可溶性纤维与食糜排空速率；②可溶性纤维与营养物质消化率。

1.2.5.1 不可溶纤维与食糜排空速率

不可溶性纤维是有"功能的"，对饲料在肠道中的排空速率有显著的影响。

不可溶性纤维一直被称为"功能性纤维"，它不仅可以促进肌胃的发育及饲料在肌胃中的停留，还可以加快食糜在小肠中的移动速度。提供不可溶性纤维并不是多余的，其作用通常是有益的，因为肠道功能更有效，日粮中的所有营养物质的消化率就会提高。纤维的来源和粒度会影响纤维的"功能"，因此要注意其作用（Hetland 等，2004）。不可溶性纤维的作用与之前讨论的饲料形态（颗粒或粉料）有重叠且相互的影响。

1.2.5.2 可溶性纤维与营养物质消化率

如果试验日粮含有大量黏性谷物（按黏性递减顺序依次为：黑麦、大麦、燕麦、黑小麦及小麦），那么这将显著降低日粮中油脂、蛋白质和碳水化合物的消化率。黏性将会减缓酶和营养物质的扩散速度，减缓的程度与它们的相对分子质量成正比。因此，肠道中消化过程形成的超大油脂微粒的消化率所受的影响要显著大于简单糖类或矿物元素受到的影响。任何考察油脂、蛋白质等营养物质消化率的试验都应采用商业营养师所用的谷物原料（Dänicke 等，1999）。如果在实际生产中黑麦型日粮添加了油脂，同时在试验时使用添加了同一来源油脂的玉米型日粮，那么油脂的能量水平将会完全被高估。如果实际生产中黏性日粮在使用油脂的同时添加了相关的非淀粉多糖（non‐starch polysaccharides，NSP）酶（NSP 酶可以降低黏性），那么试验日粮中也应该添加 NSP 酶。

1.2.6 其他营养物质

当生产性能达到"最佳"时，我们假定这个点就是生产性能不会因目的营养物质含量的增加而得到进一步改善的点。然而，如果生产性能达到一个高水平的稳状态是因为受到其他营养物质含量限制的缘故，那么实际上真正的最佳生产性能很可能要比试验中获得的大得多。事实上，达到最佳生产性能所需要的目的营养物质水平比试验考察的高得多，要让被考察的营养物质成为影响生产性能提高的唯一限制营养物质。这才是试验的关键条件，即被考察的营养物质在任何时候都是影响生长速度的唯一限制条件。当营养物质间存在颉顽作用时，一些有趣的问题会随之出现，继续增加被考察的营养物质会降低与其有颉顽作用的营养物质的利用率，当增加的量达到一定程度时，后者则会成为限制因素。赖氨酸/精氨酸之间的颉顽作用就是一个很有说服力的例子：过量的赖氨酸可以通过刺激鸡肝脏和肾脏中的精氨酸分解酶来降低精氨酸的利用效率（Allen 和 Baker，1972）。重要的是任何营养研究论文都要列出所有的原料及其添加水平，以便读者能够计算出日粮的预期营养水平，从而在自身认知背景下对结果进行评判。在表格中给出所有目的或相关营养物质的计算值也被认为是这类工作的起码要求，因为它从作者的角度提供了信息。

　　许多应该在论文中给出的营养物质含量数据被省略了，没有特别的理由，仅仅是为了简洁，结果导致对该试验难以进行更深入的了解。文献数据的回顾性分析（retrospective analysis）或全息分析（holo-analysis）通常是试图从多篇关注兴趣领域的论文中找到输入变量与目标因变量之间的相关性。经常会发现，在一些分析中，日粮的原料和营养物质组成计算值会影响目的营养物质的效应。Rosen（2002a）对此列举了一个例子：油脂与离子载体类抗球虫药之间的相互作用影响了植酸酶的添加效应，结果却推测是磷缺乏造成的。如果试验报告不完整，那么这种关系在分析时是无法预知的，且很容易失去发现这些信息的机会。

1.2.7　动物年龄

　　动物对许多营养物质的需要量随着其年龄增长而降低，不过对有些营养物质而言可能是增加的。就一些原料而言，营养需要下降的速度相对更快，且可能还难以预料。磷就是一个例子。试验开始时日粮的磷含量处于极度缺乏状态，但是到试验结束时日粮的磷水平就可能超过了动物的需要量，在这种情况下，"负对照"组对生长速度的限制程度可能无法达到预期的水平，甚至根本就没有限制（Bedford 等，2016）。

　　以日粮百分含量表示的氨基酸需要量也随着动物年龄的增长而降低，事实上比其他营养物质的下降速度更快（Doizier 等，2008）。另一方面，能量需要则趋于增加。因此，如果要使试验数据符合实际且有价值，那么试验周期就要与标准行业生产实际相同。

　　多次提到的一个明显问题是用成年动物进行消化试验获得的结果不适用于幼龄动物。不仅是因为幼龄动物对能量、氨基酸、油脂及钙磷的消化率数值比成年动物低，而且有时候样品的重要性也完全不同。例如，不仅是 10 日龄肉鸡的 18 个玉米样品的表观代谢能（apparent metabolizable energy，AME）值低于 42 日龄肉鸡，而且 10 日龄和 42 日龄肉鸡 AME 间的相关性也特别差，说明用大龄动物为幼龄动物剔除差的样品可能会犯致命的错误（Collins 等，1998）。

　　一些原料或添加剂需要饲喂一段时间才能让动物完全适应，从而能够表现出可评估测试产品真正价值的表型来。有时候，这意味着该产品需要动物在 1 日龄时就开始饲喂，特别是产品在商业生产中需要这样使用时。植酸酶和 NSP 酶就是一个例子，Rosen（2002a）在综述中指出，如果不从 1 日龄开始使用，几乎将会使酶的价值丧失殆尽。事实上，许多植酸酶试验在试验开始前 5 d 即给动物饲喂含充足磷的日粮，导致在骨骼中贮备了相当大的钙磷缓冲量。这会降低随后施加"低磷"负对照日粮时的刺激，结果会显著低估生产性能恢复至正对照水平时的植酸酶剂量。另外，家禽磷需要量随其年龄增长而迅速下降的事实，意味着 5 日龄前饲喂磷充足日粮的这种操作方法将家禽生命期中对磷最敏感的阶段从试验中移除了。这种显著的错误在文献中长期存在，特别是养禽行业的做法是自 1 日龄起使用植酸酶，这种生产实践至今也少有试验模拟。NSP 酶应从 1 日龄开始使用，对这个建议的挑战还需要再评估。尽管作者提出，统计分析表明 NSP 酶仅在家禽上市的前 14 d 里需要饲喂（Santos 等，2013；Cardoso 等，2014），但是将数据制作成图后发现是另外一回事。在该论文中，采用高度保护的分离技术导致在试验中出现很低的溶解度，因此，生产性能的数值差异也变得不显著。选择正确的统计方法来确定某种营养物质、添加剂或原料的效应是一个巨大的课题，需要仔细考虑。所用的模型应该符合生物学特征，而且应该有足够多的重复。这些考虑将在第 2 章中详述。

1.2.8　动物的品种和性别

不同品种及同一品种中的不同品系在特定试验条件下达到最佳生长速度时所需的营养需要量是不同的。例如，高产品系获得最佳胸肉产量的赖氨酸需要量高于慢速生长品系，特别是在胸肉沉积速率最大的生长期。然而，实现最佳生产性能时所需的营养需要量本质上在品系间不一定存在差异，相反不同品系的最终生产目的（例如，胸肉重和体重）影响其营养需要，以达到不同的最佳经济效益（Waldroup，1997；Corzo，2005；Kim，2012）。因此，要求明确描述所用实验动物的品系及预期结果。尽管很明显遗传决定了随机品系与现代品系的主要差异，但是我们也相当清楚不同品系发挥其生产性能潜力所需的营养需要量也是完全不同的。

雄性动物比雌性动物长得更快、更高效，相应地，它们达到最大生长速度和最高效率时所需的营养需要也更高。遗憾的是，大多数研究仅集中在雄性动物上，结果使终端用户在如何饲养雌性动物上存在较大的不确定性（Corzo，2005）。事实上，只有在分性别饲养的群体中才能表现出性别差异的优势。然而，在许多情况下，肉鸡生产是公母混养，这使我们给不同性别的鸡提供了折中的营养方案。最后一个考虑是不同性别的动物对特定应激因素的反应不同。例如，热应激（37℃）会提高母鸡而不是公鸡对赖氨酸的需要量（Han 和 Baker，1993；Corzo，2005）。

1.2.9　健康状况

疾病和免疫状态会显著改变动物的营养需要。球虫感染会增加动物对苏氨酸和丝氨酸需要量就是其中一个例子，可能是因为细胞修复和黏蛋白的合成特别依赖于这些氨基酸（Kidd，2000）。遭受中等炎症刺激的动物会出现采食量下降，导致特定细胞因子的分泌，结果使它们的"需要"与未遭受炎症刺激的动物相比有显著的改变。尽管在试验过程中诱导发生了某些疾病，并在科学论文中给予描述，但是有些时候，亚临床疾病也可能会造成可察觉或不可察觉的影响。如果没有察觉，动物的生产性能就会受损，试验所得数据将不适用于正常的动物群体。如果疾病用抗生素进行治疗，无论是亚临床与否，这种治疗会改变试验的处理效应。即使给完全健康的动物饲喂促生长类抗生素，对其他营养物质或添加剂的处理效应也将受到影响。Rosen（2001）在查阅大量的抗生素和酶制剂的文献后发现，尽管二者对动物生产性能的改善程度相当，但是其中一方的存在会掩盖另一方的效应。这说明健康状况和动物遭受的肠道刺激会改变达到最佳生产性能时所需要的营养水平。考虑到药物与抗球虫药以及近来酶制剂、益生菌和益生元的广泛作用，所有营养试验有必要详细介绍这类添加剂的使用情况。

即使以上所有条件都考虑了，还有其他几点需要注意，叙述如下。

1.2.9.1 生产性能是否达到育种公司标准？

如果没有达到，试验结果可能无法反映真实的商业生产，当然，除非试验目的是要模拟缺乏或应激状态。应激有多种呈现方式，但是，很显然，如果确定营养需要试验的应激水平不能代表商业生产中的应激水平，对试验结果的阐释就要谨慎。

1.2.9.2 试验假设是否明确设置？

消化试验未必能反映后续的生产性能，因此试验假设需要表述明确并予以分析。事实上，如果添加剂或营养物质除了影响消化率外，还对采食量有影响，那么在缺少采食量数据时，消化率数据的价值就需要审视。另外，营养物质或添加剂的预期浓度可能与预期目标有差异。例如，达到最佳生长速度和效率所需的营养物质水平可能与达到最佳胴体率、骨密度或生产寿命所需的营养物质水平大不相同。

1.2.9.3 统计模型及结果解释是否正确？

如果要正确地解释数据，选用正确的统计模型和正确的参数是很重要的。如果要使用回归模型，所选模型应该能够正确地反映所测原料的生物学效应。采用二次曲线模型就是假设有确定的最佳点，高于或低于这个点时生产性能都会下降。如果没有这种效应，那么使用这种模型就是不恰当的，或者需要仔细考虑。有关植酸酶的研究已经表明，动物生产性能对这类添加剂的效应是对数线性的，即生产性能随植酸酶添加剂量的对数值增加而线性增加（Rosen，2002b）。随后的许多试验采用了二次曲线模型错误地假设有最佳添加水平，使文献结果混淆。

在简单的因子试验设计中，最常见的错误是在交互作用显著时讨论主效应或者在仅主效应显著时讨论交互作用。在统计结果不支持"增加、降低、促进"等论断时，使用与处理效应相关的此类词语也是相当常见的。如果这类注释未经证实就出现在文章中，将来引用这些文献就会将错误的数据解读永远流传下去。

很多试验的重复数往往是不足够的，这可能会限制作为确定营养物质需要量的试验的作用。如果试验的目的是证明两个处理间没有差异，如比较两种氨基酸来源，那么重复数少就更是一个重要的问题。

统计模型及数据解释将在第 2 章中作更详细的讨论。

1.2.9.4　营养物质含量的检测值与计算值是否一致？

日粮试验总是要求检测目的营养物质或添加剂的含量，如氨基酸、油脂、能量或酶。没有检测日粮中目的营养物质或添加剂的实际含量会导致试验得到的"需要量"的效力降低。另外，试验日粮中那些会影响目的营养物质利用的营养物质的含量也要提供，并且最好经过实测，以便将数据和结果放在特定的背景下考虑。例如，植酸酶试验不仅要检测每个处理的植酸酶含量是否正确，还要检测钙磷的含量，因为这些营养物质会对植酸酶的效果产生直接而显著的影响。另外，确定日粮的植酸含量也是有必要的，如同还要提供维生素 D 的预期含量与剂型一样，即使没有检测也需要提供。很显然，检测的准确性会限制确定需要量的精确性。

1.3　原料中营养物质含量的研究

除了确定动物在任何可能条件下的营养需要量外，营养研究还要确定原料的营养物质含量，以便能够配制出可满足动物营养需要的日粮。这些原料包括：谷物、蛋白原料、油脂、维生素、矿物元素及多种添加剂。如果所产生的这些数据要在一般性使用中有价值，每种原料都要考虑很多方面。一般而言，用来测定原料所含营养物质含量的方法或取决于消化率测定技术——无论是测定回肠消化率还是粪中消化率都有很多不同的方法（如果在家禽中则更常采用测定粪中消化率），或取决于比较方法——通过比较被测原料与标准原料的生产性能确定。不论在任何情况下，选择测定方法时都需要考虑原料的特性。在大多数深入的研究中，通过回归分析测定原料的营养物质含量会用到测试原料的一系列添加水平，以便消除添加水平产生的影响及原料间相互作用的影响。所选择的添加水平是根据原料的适口性、营养物质含量及过量时可能造成的营养不平衡确定的。另外，还假定所考察的营养物质含量总是低于动物的需要量，否则，随着添加水平的增加，适应性反应会降低原料的消化率，营养物质吸收量与摄入量之间存在线性关系的假定将不再有效。一个关键假设是，饲喂被测原料时，平衡日粮的贡献比例是恒定的，但这点并非总是如此。关于每种原料的一些基本原则和注意事项叙述如下。

1.3.1 谷物原料

谷物原料在日粮中的添加比例往往较高，营养评估试验通常也采用尽可能高的添加水平（或设置一系列添加水平）以确保动物对被测原料的反应明显、可测，且反应是由被测原料引起的。添加水平还应该符合实际使用情况，试验添加水平和实际最高添加水平之间不应有太大的差距。因此，在此类试验中，谷物的添加水平范围可能比其他任何原料都大。尽管如此，试验也要谨慎，确保平衡日粮和被测谷物原料的添加水平变化不会超过阈值，否则会改变动物的消化状态。这种情况在评估黏性较高的谷物（如小麦，特别是大麦和燕麦）时可以看到。在评估这类谷物时，按商业生产水平（如 $65\% \sim 70\%$）添加时的肠道黏度可能会大大低于按 $80\% \sim 90\%$ 水平添加时的黏度，这种添加水平在一些试验设计中也不罕见（Allen 等，1996a，1996b）。在如此高的添加水平下，整个日粮的消化率，特别是油脂的消化率会显著降低，结果导致平衡日粮与被测原料的效应比率关系丧失。如果这些原料以常规添加水平使用，那么这些谷物的价值将被低估。

1.3.2 油籽粕

油籽粕在商业生产中按中等添加水平（高达 $35\% \sim 40\%$）使用，但是如果在评估时添加更高的水平可能会出现一些问题，这些问题通常是不相关的。例如胰蛋白酶抑制因子、外源凝集素、芥酸、棉酚和生物碱，还有很多。如果采用剂量反应法进行评估，高添加水平时会偏离线性效应，这种现象应该被看作是这些问题可能很明显的一个潜在标志。会产生此类偏离现象的添加水平应该从生产实际角度来观察，从而确定这些问题是否具有实际生产意义。

1.3.3 油脂

油脂添加水平不能过高，过高会降低颗粒质量（如果饲喂颗粒料），因而会影响动物生产性能（Thomas 等，1998；Abdollahi 等，2013）。油脂的品质也需要考虑。油脂在吸收前需要乳化，与不饱和脂肪酸或中链脂肪酸相比，高度饱和脂肪酸更是如此。因此，任何会降低家禽乳化油脂能力的因素都将不成比例地降低饱和脂肪酸的营养价值。这些因素包括谷物黏度、细菌感染及感染后未使用抗生素或抗球虫药（Bedford，2000）。相反，添加 NSP 酶、乳化剂（如大豆磷脂）和抗生素会提高油脂的能值。因此，如果商业生产中饱和与不饱和油脂是按适当比例使用的，那么试验条件就需要考虑。

油脂的氧化状态也需要考虑，因为这会显著影响动物对油脂的最大耐受水平和油脂的能值。

1.3.4   维生素和矿物元素

显然，维生素在日粮中的添加量比其他原料低，而且一些维生素对热和存储的稳定性有限，这些在任何试验中都必须说明。一些维生素的中毒阈值较低，添加剂量需要仔细考虑，而且，对于脂溶性维生素，基础日粮需要含有充足且高品质的油脂来辅助其吸收（Danicke 等，1999）。

在确定一些矿物元素的最佳水平和毒性效应时，面临相同的限制因素。对于某些矿物元素，由于其具有显著的抗菌作用，添加水平明显高于"需要量"时是有益的，比如铜和锌。但是也要小心，因为过高的添加水平会导致中毒，损害生产性能（Karimi，2011）。如果要得出正确的结论，这些效应就必须加以区分。一些矿物元素还在溶解性和转运载体方面相互影响，结果，其中一种过量会加重另一种的缺乏状态（参见 1.2.6）。

1.3.5   添加剂

添加剂包括许多产品，比如酶、益生菌、抗生素、益生元、乳化剂和有机酸等。每一种都有特定的考虑因素，但是最先要考虑的是基础日粮必须要与饲料成品相近。例如，一般而言，不含植酸的日粮不会添加植酸酶。类似地，抗生素和其他菌群调节剂要产生显著的营养效应取决于试验时细菌的攻击强度。

1.3.6   消化试验

消化试验特别是短期消化试验可以为我们提供能够按一个显著高于实际生产添加水平的量饲喂被测原料的最大可能性，因此前文中提到的注意事项就特别重要。另外，还必须注意，消化试验只有在测定了采食量时才能真正与实际生产相关。了解原料的 AME 是很重要的，但是如果这种原料会抑制或刺激采食，那么这种原料的实际代谢能值将会显著低于或高于消化试验的测定值。遗憾的是，大多数消化试验无法得到与实际生产相当的生长速度和采食量，而且，在有些时候，使用半纯合日粮（semi-purified diets）时，动物在试验期间会有体重损失，导致人们对数据的实用性产生怀疑。

1.4   总结

本章以生长速度作为"目的变量"的示例。尽管这个指标对大多数商业公司是有价值的，但是某些企业的经济指标很有可能更关注料肉比（饲料转化率，FCR）、胸肉产量、每千克肉的能量消耗、死亡率或达到特定体重的日龄。

如果是这样，应该明白，达到最佳生长速度时的条件与营养水平可能与达到最佳实际效益时的条件和营养水平显著不同。例如，生长速度最佳时的日粮钙磷水平低于骨密度最大时的日粮钙磷水平，但是，并不清楚对鸡而言骨密度最大是否就表示最佳。类似地，达到最佳生长速度时的赖氨酸和能量水平低于达到最佳饲料转化率时的水平（Han 和 Baker，1993）。

　　全球商业家禽生产差异巨大，不仅在管理、环境和营养方面有差异，而且还在品种、屠宰日龄及饲料原料方面有差异。即使同一家企业，不同群体间的生产性能也存在显著差异，最好和最差群体的 FCR 可相差 40％。与优化最差群体的生产性能相比，优化最好群体的生产性能是一项完全不同的任务。鉴于环境对家禽生产性能有压倒性的影响，那么营养对家禽生产性能还有如此大的影响就很令人惊讶。然而，很显然，在大多数时候，商业配方师通过也只能够通过经验和关注细节才能够校准文献中的信息，并将其应用于特定的条件下，以获得良好的生产成绩。这就解释了，如果要使数据对科研人员和商业人员有价值，关注营养试验设计上的细节以及特别是关注营养试验报告中的细节是非常重要的。

　　　　　　　　　　　　　　　　　（万建美译，乔伟、李新良、潘雪男校）

2 常用试验设计及其应用范围

G. M. PESTI*，R. A. ALHOTAN，M. J. DA COSTA 和 L. BILLARD

佐治亚大学，雅典城，佐治亚州，美国

2.1 引言

畜禽学是一门应用科学，从业者提出的问题最终会涉及经济学应用的问题。研究人员最常提的问题是："某些东西需要添加多少才能使动物的生产性能（或收益）达到最大？"或者"某些东西需要添加多少才不会影响动物的生产性能（或收益）？"对单胃动物的研究往往涉及添加或饲喂一系列不同水平的物质，并观察它们是如何影响动物的生产性能的。营养物质或环境温度等属于独立因素，而生长、产蛋量、采食量、饲料效率、胴体组成、蛋的大小和组成、行为和骨骼质量等则属于响应变量（输出变量）。

在大多数情况下，对一系列投入水平的响应取决于其他环境或遗传因素。对某种药物或不同营养水平的响应可能取决于环境温度或所研究动物的品种等因素。诸如"雌性动物的响应是否与雄性动物不同？"等问题，回答它们则需要更复杂的试验设计，以确定是否存在交互作用以及它们对响应和收益的重要性。

猪与家禽的生产者需要了解自己的动物在不同情况下将会如何反应，以找到能够使收益最大化的适宜条件。然而，世上找不到两个会有一样反应的动物。研究人员必须测定很多动物来获得它们的平均反应。他们要提出的最重要的问题就是"必须要观察多少动物才能获得一个精确的平均数估测值？"（Aaron 和 Hays，2004；Shim 和 Pesti，2012）。答案一旦揭晓，研究人员便可以力图确定使收益最大化所需的响应条件或水平。在通常条件下，幼龄和小体型畜禽上的差异预期要小于老龄和大体型畜禽上的差异，因此必须仔细观察响应，研究内部的差异，并在必要时进行校正。在应对营养缺乏或者抑制生长的任何治疗时，某些个体可能会受到比其他个体更大的影响，这种差异受强制

---

* gpesti@uga.edu

处理的影响更大。

2.2 简单研究试验的目的是什么？

试验人员通常会添加（饲喂）不同水平的某些添加剂或者营养物质，以确定收益最大时的添加（饲喂）水平。为确定收益率，生产者需要知道投入成本、产出成本以及投入和产出之间的技术关系。试验的目的通常就是确定投入和产出之间的技术关系，以便生产者能够预测得到最大收益时其动物群的投入水平。得到的结论将取决于研究人员如何分析数据并呈现结果，所使用的分析方法将受到他们如何客观地对待数据和删除独特的主观看法或者模型应用到分析中的影响。

2.3 响应数据的典型解析

考虑一个单因子（如药物、营养物质或保健添加剂）6 个水平的简单试验，每个处理设 3 个重复（表 2-1），重复可能是 3 个畜禽个体或者 3 栏动物个体。

表 2-1　一个简单的研究实例，投入可能是营养物质或药物水平等，
响应可能是生长速度、机体组成、代谢物水平等

x（投入水平）	y（观察到的响应数）		
	重复 1	重复 2	重复 3
8	60	70	80
9	76	86	96
10	90	100	110
11	91	98	109
12	103	110	121
13	105	113	124

通过应用不同的分析模型或方法，表 2-1 中的结果可以有 7 种不同的解析，这些解析具体如下。

2.3.1　解析 1：典型响应数据的自变量解析

大多数研究人员提供了此类试验的结果，如图 2-1a 所示投入水平好像彼此是独立的。他们提出诸如"8 个单位的响应和 9 个单位的响应是否相同"和"10 个单位的响应和 11 个单位的响应是否相同"这样的问题。

研究人员对他们的试验结果通常采用配对 t 检验或多重比较（Tukey，

1949；Duncan，1955），以区分不同的投入水平是否能预期得出不同的结果。如果得出的结论是饲喂 10 个单位得到的结果与饲喂 11 个单位得到的结果相同，但饲喂 10 个单位得到的结果比饲喂 8 个单位得到的要好，那么最慎重的做法是必须饲喂 10 个单位以使产出最大化。试验越有说服力，找到可以获得最大收益的高投入水平的机会就越大。从这个意义上，说服力意味着有许多重复且均一的结果。试验越没有说服力，无法表明差异不显著并不能认为低水平是完好的机会越大。在这种情况下，可以得出 10 个单位的 x 将产出最大响应，因为在 5% 置信水平上没有显著差异（或 $p < 0.05$）。9 个单位得到的结果和 10 个单位产生的结果相同，所以根据这个结果，回答哪个水平的 x 会产生最大水平 y 的最佳答案只能是"在 9 和 11 之间"。

　　一些研究人员更倾向于计算正交对比（Billard 等，2014），并实际确定各种投入水平可能得到小于最大响应的概率。从客观的角度来看，这种方法似乎要更优于仅仅表明均值在统计上（如 $p < 0.05$ 或 0.01）是否有显著差异。在这个实例中，使用这两种方法可以得出不同的结论。图 2-1a 似乎表明 9 个和 11 个单位的投入和 13 个单位的投入有相同的产出结果（差异不显著）。然而，表 2-2 表明，为了和 13 个单位投入的产出在统计学上没有显著差异，大于 10 个单位的投入确实是必需的。

表 2-2　比较表 2-1 中不同投入水平所得响应的正交对比结果

投入水平（单位）	不同于最高饲喂水平（13 个单位）的响应概率
8	0.000 1
9	0.004 2
10	0.017 9
11	0.510 7
12	0.771 8

2.3.2　解析 2：典型响应数据的简单回归解析

　　解析同一数据的另一种方法是进行简单回归分析（Shim 等，2014）：$y = b_0 + b_1 x$。

　　问题是，"对任何一个 x 值，y 的期望值是多少？"如果数据具有简单线性解析，则每个唯一的 x 值都有一个唯一的响应（图 2-1b）。与检验假设"8 个投入单位是否和 9 个单位有相同响应？"相反，检验的假设是斜率 b_1 是否与零值不同。如果推断直线的斜率与零值不同，则可假定 8.49 个投入单位给出的响应与 8.50 个投入单位的不同。当只有一条直线符合数据时，就没有明确的

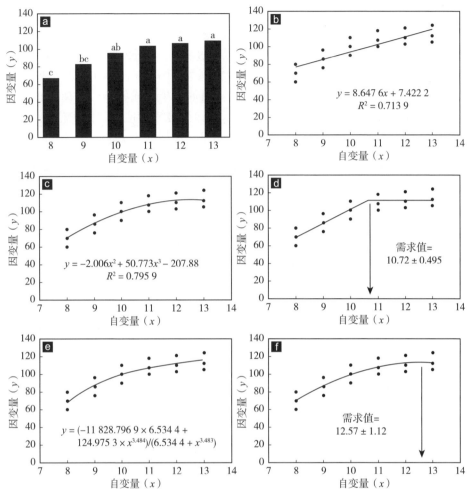

图 2-1 对表 2-1 中数据的不同投入水平建立响应模型的方法
a. 柱状图方法［标有不同上标字母的均值间差异显著（$p < 0.05$，采用邓肯新复极差法）］
b. 线性模型　c. 二次多项式模型　d. 折线线性模型
e. 饱和动力学模型（米氏酶动力学的扩展）　f. 折线二次模型

最佳水平可以选择。在所研究的范围内，无法确定产生最大响应的投入水平，除了可能说最高投入水平会产生最高产出（正斜率）、最低产出（负斜率）或者投入水平对产出没有影响（斜率 = 0）。

2.3.3 解析 3：典型响应数据的高阶回归（higher order regression）解析

如果数据最适合二次或更高阶多项式，则每个 x 可能有两个独一无二的 y

值（Shim 等，2014）。当使用这个二次模型时，隐含地假定可能会存在两个投入水平都能给出相同响应（y）的情况，但这两个投入水平并不一定在所研究的范围内。当使用二次多项式模型，可以通过将一阶导数设置为零来确定最大/最小响应时的投入水平。在此二次模型实例中（图 2-1c），12.66 个投入单位会产生 113.39 个产出单位，因此如果针对如维生素或氨基酸等某些必需营养物质，则 12.66 个投入单位可被称为达到最大技术性能的"需求值"。如下所述，12.66 个投入单位可能是或也可能不是最经济的添加水平。

2.3.4 解析 4：用简单样条（simple spline）法来估测能获得最佳响应的投入水平

正如图 2-1c 所显示的那样，图 2-1a 中类型的大多数响应并没有得到最大响应，只有一个相同响应（平顶期，plateaus）的投入范围（Vedenov 和 Pesti，2008；Pesti 等，2009）。有理论认为，当投入变量（自变量）过量时，体内平衡机理允许畜禽以最大速度生长。所谓的"折线线性模型"（BLL；见图 2-1d）已被应用于这种响应，该折点代表达到最大响应所需的水平。

根据这一解释表明，在该折点前会存在一个线性响应，折点处达到最大响应。每一个额外投入单位（成本）会产生相同的额外产出（回报），直至达到平顶期。从经济学的角度来看，在添加的投入水平上实际上只有两种选择，它们分别位于上行线的两端。该物质的添加量应该是折点处的水平，或者根本不用。

2.3.5 解析 5：一种基于代谢现象建立反应模型的理论方法

一群家禽似乎对增加的投入水平不大可能以完美的线性方式做出响应。随着畜禽的生产力接近其遗传潜力，对任何特定投入单位的反应都将减少，该现象被称为"边际收益定律"或"边际生产力递减定律"。

理论认为酶的催化反应遵循这种模式：添加首个底物单位会导致反应速度大幅增加，随后添加相同的底物单位所导致的酶反应速度在增幅上逐渐变小。既然更高等生物的代谢是以酶的催化反应为基础的，因此它应该遵循，生长速度和药物、添加剂、营养物质等供给的动力学原理应该遵循相同的模式，至少在达到产生毒性的那个节点之前。

酶的催化反应仅接近最大值。就活的生物体来说，最大值或平顶期（plateaus）似乎能够达到，随后大多数或许多添加剂在添加更多时会产生毒性。确保用于测定该平顶期的投入水平不超量是研究人员面临的另一个实际问题。在确定动物生产性能响应时，在正在添加的物质变为有毒前，实际上最大添加量已经达到，因此在运用模型对确定的添加水平测定投入/产出关系之前，有必要应用如下所详述的分析方法（López 等，2000；Aggrey，2002；Zuidhof，2005；Vedenov 和 Pesti，2008；Pesti 等，2009）。

二次多项式模型具有一个可被认为是最佳水平的最大响应，而折线线性模型具有一个在某些情况下被认为是最佳水平或"需求值"的折点（锚点）。相比之下，饱和动力学模型的响应只会进入无限大，因为到达一定水平的任何事物（包括水）都会减弱响应，该模型似乎不切实际，不过理论上它可能是正常范围内的最佳响应模型，问题在于如何确定什么是正常范围，而且它与其他模型一样具有相同的缺点。

在上行和平顶期或渐近线之间无明确折点的模型没有可以预测"需求值"的客观方法。可产生大概 90％ 或 95％ 最大响应的营养水平有时被称为"需求值"。最大响应的百分比多少是随意的，但如果研究人员认为这是响应曲线的形状，那么可应用收益递减经济学，而实际的饲喂水平也能客观地得到确定。营养师以经济学作为每日摄取量的标准为人类制定营养需求是不合适的，因此他们经常采取一些随意的标准。

2.3.6　解析 6：一种根据目标建立反应模型的实用方法

一个具有二阶上行部分和平顶期的模型也可用于表示向平顶期过渡的收益递减现象，这被称之为折线二次（broken-line quadratic，BLQ）模型（Pesti 等，2009）。与饱和动力学模型相比，BLQ 模型在理论上不大理想，但它具有一个很好的特征，即有一个对药理学家而言的最佳给药水平或对营养学家而言的"需求值"的点。BLQ 模型可以用两种不同的方法来进行解析：第一个是找到上升的二次部分与平顶期相交的点，与折线线性（broken-line linear，BLL）模型相同，这个点可以解析为营养研究的需求值，它可被认为是最大技术效率的点；第二个是找到最大经济效率的点，详见下文。用 BLQ 模型预测获得的"需求值"或最佳添加水平总是高于用 BLL 模型获得的相应指标，并且置信区间更大。

2.3.7　解析 7：机械模型

当成本不是特别高或特别重要而且通常给予较宽的安全范围时，BLL 模型或 BLQ 模型可用于确定营养物质或混合物的最佳饲喂水平。此类混合物的实例有微量元素、维生素、一些酶制剂和益生菌。当成本特别重要时，对于蛋白质、氨基酸、磷等营养物质，或植酸酶等添加剂，有必要进行经济学分析。

表 2-3 和表 2-4 阐述了如何使用各种模型确定利润最大化时的添加水平。请注意改变投入水平（如从 3 美元/单位变为 4 美元/单位）如何改变最大投资收益率（returns on investment，ROI）的投入水平。改变产出值也有类似的效果：如果产出值增加，则较高的投入水平可能会使 ROI 最大化；反之

亦然。这些实例也说明了明智选择分析模型的重要性。虽然表2-3和表2-4中的模型非常适合这些特定数据，但它们会给出可使利润（投资收益率）最大化的不同添加水平预估值。

表2-3 对表2-1中数据用二次模型分析获得的投资收益率

投入水平（单位）	投入成本=3美元/单位 产出值=1美元/单位				投入成本=4美元/单位 产出值=1美元/单位			
	成本（美元）	产出水平（单位）	价值（美元）	ROI（美元/单位）	成本（美元）	产出水平（单位）	价值（美元）	ROI（美元/单位）
11.5	34.5	110.713 0	110.713 0	76.213 0	46.0	110.713 0	110.713 0	64.713 0
11.6	34.8	111.156 4	111.156 4	76.356 4	46.4	111.156 4	111.156 4	64.756 4
11.7	35.1	111.559 8	111.559 8	76.459 8	46.8	111.559 8	111.559 8	64.759 8
11.8	35.4	111.923 0	111.923 0	76.523 0	47.2	111.923 0	111.923 0	64.723 0
11.9	35.7	112.246 0	112.246 0	76.546 0	47.6	112.246 0	112.246 0	64.646 0
12.0	36.0	112.529 0	112.529 0	76.529 0	48.0	112.529 0	112.529 0	64.529 0
12.1	36.3	112.771 8	112.771 8	76.471 8	48.4	112.771 8	112.771 8	64.371 8
12.2	36.6	112.974 6	112.974 6	76.374 6	48.8	112.974 6	112.974 6	64.174 6
12.3	36.9	113.137 2	113.137 2	76.237 2	49.2	113.137 2	113.137 2	63.937 2
12.4	37.2	113.259 6	113.259 6	76.059 6	49.6	113.259 6	113.259 6	63.659 6
12.5	37.5	113.342 0	113.342 0	75.842 0	50.0	113.342 0	113.342 0	63.342 0
12.6	37.8	113.384 4	113.384 4	75.584 4	50.4	113.384 4	113.384 4	62.984 4
12.7	38.1	113.386 4	113.386 4	75.286 4	50.8	113.386 4	113.386 4	62.586 4
12.8	38.4	113.348 4	113.348 4	74.948 4	51.2	113.348 4	113.348 4	62.148 4
12.9	38.7	113.270 2	113.270 2	74.570 2	51.6	113.270 2	113.270 2	61.670 2
13.0	39.0	113.152 0	113.152 0	74.152 0	52.0	113.152 0	113.152 0	61.152 0

注：第1列（投入水平）和第3列（产出水平）来自图2-1c中的模型，第2列（成本）=第1列×投入成本，第4列（价值）=第3列×产出价值，第5列（ROI）=第4列-第2列，等等。

表2-4 利用饱和动力学模型分析表2-1中数据获得的投资收益率（ROI）

投入水平（单位）	投入成本=3美元/单位 产出价值=1美元/单位				投入成本=4美元/单位 产出价值=1美元/单位			
	成本（美元）	产出水平（单位）	价值（美元）	ROI（美元/单位）	成本（美元）	产出水平（单位）	价值（美元）	ROI（美元/单位）
11.5	34.5	109.208 8	109.208 8	74.708 8	46.0	109.208 8	109.208 8	63.208 8
11.6	34.8	109.676 6	109.676 6	74.876 6	46.4	109.676 6	109.676 6	63.276 6
11.7	35.1	110.126 6	110.126 6	75.026 6	46.8	110.126 6	110.126 6	63.326 6
11.8	35.4	110.559 8	110.559 8	75.159 8	47.2	110.559 8	110.559 8	63.359 8
11.9	35.7	110.976 6	110.976 6	75.276 6	47.6	110.976 6	110.976 6	63.376 6

（续）

投入水平（单位）	投入成本＝3美元/单位 产出价值＝1美元/单位				投入成本＝4美元/单位 产出价值＝1美元/单位			
	成本（美元）	产出水平（单位）	价值（美元）	ROI（美元/单位）	成本（美元）	产出水平（单位）	价值（美元）	ROI（美元/单位）
12.0	36.0	111.378 5	111.378 5	75.378 5	48.0	111.378 5	111.378 5	63.378 5
12.1	36.3	111.765 4	111.765 4	75.465 4	48.4	111.765 4	111.765 4	63.365 4
12.2	36.6	112.138 3	112.138 3	75.538 3	48.8	112.138 3	112.138 3	63.338 3
12.3	36.9	112.497 8	112.497 8	75.597 8	49.2	112.497 8	112.497 8	63.297 8
12.4	37.2	112.844 4	112.844 4	75.644 4	49.6	112.844 4	112.844 4	63.244 4
12.5	37.5	113.178 7	113.178 7	75.678 7	50.0	113.178 7	113.178 7	63.178 7
12.6	37.8	113.501 3	113.501 3	75.701 3	50.4	113.501 3	113.501 3	63.101 3
12.7	38.1	113.812 6	113.812 6	75.712 6	50.8	113.812 6	113.812 6	63.012 6
12.8	38.4	114.113 2	114.113 2	75.713 2	51.2	114.113 2	114.113 2	62.913 2
12.9	38.7	114.403 4	114.403 4	75.703 4	51.6	114.403 4	114.403 4	62.803 4
13.0	39.0	114.683 7	114.683 7	75.683 7	52.0	114.683 7	114.683 7	62.683 7

注：第1列（投入水平）和第3列（产出水平）来自图2-1e中的模型，第2列（成本）＝第1列×投入成本，第4列（价值）＝第3列×产出价值，第5列（ROI）＝第4列－第2列，等等。

　　这是一个非常简单的实例，但所阐述的原理适用于农业生产的各个方面，既简单又好像有点复杂（Pesti和Vedenov，2011）。价格有时每天会更改数次的事实表明，获得合适的数据和理想的模型对所作的决定是多么重要。对于不同的投入价格，使利润最大化的添加水平也随之改变。

2.4　选择一个合适的（或最好的）模型

　　一个给定模型的适用性可用卡方拟合优度检验确定。对于每一个模型而言，统计量（Q）可由公式 $Q = \sum [(O_y - E_y)^2 / E_y]$ 计算得到，其中 O_y 是 y 观察到的响应值，E_y 是 y 由此模型得到的期望响应值，此 Q 值可与具有 v 自由度（其中 v＝［观察次数］－1－［由模型估测的参数数量］）的卡方值 χ^2 进行对比。表2-5列出了用于营养研究的多个模型的 Q_m 值和临界表 χ^2_m 值。如果 $Q_m > \chi^2_m$，则该模型不太适合。

　　对于表2-1中数据，线性回归模型和 Robins、Norton 和 Baker（RNB）模型均不能充分适合这些数据。要从剩余的7个模型中选择，我们需要查看残差和、R^2 和 Q_m 值，残差和与 Q_m 值越小越好，而 R^2 值越大越好。基于这些情况，二次回归模型和折线二次上行线性模型被排除掉，剩下的5个模型都合适，它们之间无须选择。然而，4-参数逻辑模型和 RNB 模型 1 的判断值实际上同样恰当。最终的决定通常可以根据参数更少更合适的原则做出（RNB 模型 1）。

表 2-5 适用于营养反应的多种模型（详见 Vedenov 和 Pesti，2008）**比较**
（有关 RNB 模型的详细信息，另见 Robbins 等，1979）

模型	参数	残差和	R^2	Q_m	χ^2 临界值
线性回归模型	1	15 068.702	76.13%	89.969	15.507
二次回归模型	2	1 652.331	97.38%	8.853	14.067
折线线性模型	3	768.439	98.78%	4.290	14.067
折线二次模型	3	1 030.092	98.37%	8.621	14.067
饱和动力学模型	4	609.407	99.03%	3.387	12.592
3-参数逻辑模型	3	616.406	99.02%	3.545	14.067
4-参数逻辑模型	4	534.412	99.15%	3.545	12.592
RNB，模型 1	3	534.412	99.15%	2.541	12.592
RNB，模型 2	4	2 204.653	96.51%	17.837	14.067

2.5 如何确定合适的剂量

家禽试验设计需要解决的另一个问题是"我们如何才能确定在家禽生产性能下降之前某种原料的最佳饲喂量"。我们试验的目的是：①研究饲料原料中的非营养性因素；②确定药物在不影响宿主的前提下其最大使用剂量。最常用的统计模型是进行多重检验的单因素方差分析，此外还可以应用上文所讨论模型之一的镜像来确定可达到最大响应时的投入量（饲喂剂量）。分析结果可以对需要量阈值模型做出全面的解释。然而，由于多重检验的试验重复性精确性差，我们得到的最大安全饲喂水平的预测值通常被高估（Boardman 和 Moffit，1971）。

举例来说，薪蓂（pennycress）粕是一种含高浓度抗营养因子的饲料原料。薪蓂（拉丁学名 *Thlaspi arvense*）是北美洲地区的一种一年生草本植物，含有两种会降低家禽生产性能（增重、产蛋量等）的抗营养因子（芥子油苷和芥酸）。在一个饲喂试验中，R. A. Alhotan 等（未公开发表）分别给肉仔鸡饲喂含 0、5%、10%或 15%薪蓂的日粮 18 d，随后测定肉仔鸡的生长性能，并作为薪蓂粕含量的反应变量进行分析（图 2-2）。正如前面所讨论的，可以确定某一饲料原料的最大安全饲喂量有多种方法。当使用 Tukey 多重比较对试验结果进行统计分析时，肉仔鸡各添加水平在反应上的差异不显著，表明最大安全饲喂量至少为 15%。而在使用 BLL 模型和 BLQ 模型进行统计分析时，预测到的最大安全饲喂量分别为 6.57%±0.01%和 1.87%±1.73%。可见，数据分析员对统计方法的理性选择会对确定最大安全饲喂量有着比较大的影响。

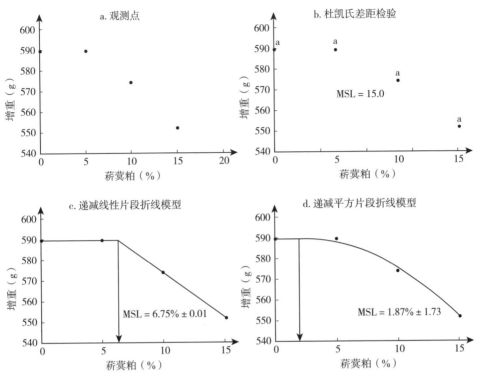

图 2-2 肉仔鸡对菥蓂粕添加水平的生长应答

a. 以点呈现 b. 用杜凯氏差距检验法分析

c. 递减线性片段折线模型 d. 递减平方片段折线模型

最大安全量（maximum safe level，MSL）：图 b 用平均值表示，

图 c 和图 d 用平均值＋/－SE 表示

2.6 家禽生长速度和形态学的变异

遗憾的是，即使采用相同的环境条件，家禽在生产性能上的表现也不尽相同。我们假设在同一条件下饲养家禽（或哺乳动物等），它们的响应都居于正常的分布范围内，此处"假设"这个词很关键。在实际生产中，群（栏）内的疾病会使动物的响应值向低于平均值的一侧偏移。虽然亚临床或临床疾病会使家禽无法发挥其遗传潜力，但却没有任何因素能使家禽的表现超越其遗传潜力。因此，理论上我们期望这种分布仅有微小的偏斜，就算有些许的偏斜，我们也无法断言该偏斜度是显著的，我们仍然假定其符合正态分布。如果已证明其为非正态分布，那么该数据应通过适当的正态变换进行校正。

表 2-6 展示了群内个体特性的差异，所有家禽圈养在同一个栏内至 34

表2-6　34日龄前饲喂普通日粮的传统肉鸡的生产性能与产肉量，34日龄时移至单体笼内测定采食量

	体重（g）			料肉比			产肉量				胸肌	
	34日龄	41日龄	48日龄	27~34日龄	34~41日龄	41~48日龄	鲜肉（g）	鲜肉（%）	冻肉（g）	冻肉（%）	成年（g）	未成年（g）
雌性												
数量（羽）	79	79	65	79	79	79	65	64	64	64	64	63
平均值	1 434	2 011	2 335	1.65	1.82	2.20	1 762	72.8	1 835	79	432	97
标准差（SD）	89	121	146	0.17	0.17	0.22	118	1.5	119	2.1	49	10
变异系数（CV）	6.2	6.0	6.3	10.50	9.45	10.01	6.7	2.0	6.5	2.6	11.3	9.8
最小值	1 262	1 787	2 028	1.35	1.58	1.64	1 531	66.8	1 600	73.4	300	75
最大值	1 636	2 284	2 671	2.25	2.51	2.69	2 040	75.4	2 114	88.6	571	123
雄性												
数量（羽）	81	81	71	81	81	81	71	58	58	58	58	55
平均值	1 590	2 287	34 919	0.01	0.03	0.05	23 117	3.7	23 453	4.0	485	102
标准差（SD）	123	174	187	0.10	0.18	0.21	152	1.9	153	2.0	56	12
变异系数（CV）	7.7	7.6	6.9	6.38	10.40	10.81	7.5	2.7	7.3	2.6	11.6	11.8
最小值	1 310	1 882	2 216	1.35	1.42	1.51	1 624	68.8	1 680	74.2	367	73
最大值	1 845	2 580	3 105	1.90	2.49	2.51	2 383	81.9	2 451	86.7	625	124

日龄，随后移至单笼内进行个体测定，统计个体间的变异。当所有家禽圈养在同一栏内时，栏内遗传方差平均值可用个体变异除以栏内家禽总数进行估算。鸡舍内栏与栏之间的一些额外变异可归结于不同栏之间小气候的不同所致。根据我们的经验，这种变异在试验舍内很小，可能在1‰左右。确定所用特定鸡舍的这一数值应该是大有益处的。图2-3列出了我们的试验农场近期的数据，其显示了个体间与栏间的体重标准差是如何随着家禽日龄的增加而加大的。

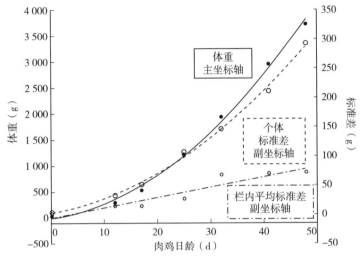

图 2-3　罗斯 708 肉公鸡群个体与栏间的变异，40 羽肉鸡
平均分配至 8 栏内，标准差（g）

从统计学意义上讲，群内各羽家禽体重的分布通常不是"正态"的，可能是由两种正态分布混合而成：公禽和母禽。某一特性上的变异越大，检测到应答上所期望的差异需要的重复越多。这种现象可以通过确定能够检测到体重上的差异所需的公鸡、母鸡以及混性别群体（从出壳开始）肉鸡的数量来阐明。

2.7　试验单元的选择

试验可以以个体为研究对象，这就是测定值由按随机分配到每一个处理中的每个个体统计出的（Festing 和 Altman，2002）。每羽家禽所拥有的鸡舍和小气候条件均是唯一的，其在方差分析中代表一个自由度。在实际生产中，家禽很少采用个体饲养，因此对个体进行观测也并非总是恰当的。例如，个体饲养与群养的家禽产热量（代谢率）并不相同，因为群养家禽会挤在一起，特别是在有凉意或寒冷的条件下。因此，个体饲养可能会削弱将结果应用于生产中的效果，因为生产中家禽采用群养的方式饲养在一栋鸡舍中。

2.8　试验的功效

大多数研究人员主要关注第一类错误（α），因为在并不存在显著性时，这类错误可能会宣称差异显著（在真实存在时否定了无效假设）。按照传统的观念，统计得到差异显著，出错的概率为5%或$p < 0.05$。研究人员也应该更多地关注另一类错误，即第二类错误（β）。在存在显著差异然而统计结果相反时，这类错误就会产生（在无效假设为假时未被否定）。要回答家禽学家所提的问题，更多地要靠对第二类错误而不是第一类错误解答。比如，类似"某一添加剂需要添加到多少水平时即使再增加添加量动物对其的反应也不再会有任何明显的增强？"或者"某一替代性原料在替换到多少比例时不再会使动物生产性能出现明显的下降？"的问题，要求我们进行更为强大的试验，为生产者找到有价值的差异性。实际上，存在差异，统计结果却相反，惯例上我们要将这种情况的概率控制在20%，或$p > 0.80$。可惜的是，如果通过提高临界概率值来降低犯第一类错误的概率（在实际无差异时宣布存在差异），犯第二类错误的概率（没有表示真实的差异）会因为一个既定的样本数量（n）而升高。若想使二者同时降低，就需要增加样本数量（n）。

表2-7显示，由于禽类的特性差异，我们将采用不同的试验设计，设置不同的栏数和样本量。在该实例中，目标因变量为体重，那么体重的变异可用于确定差异显著的上限为80%。如果试验目的是确定胴体重或胸肉产量的差异，那么这些特性的变异可用来确定试验的合适样本量。

表 2-7　利用不同样本数、每个处理的不同栏数及每栏的不同鸡数进行的
试验效果比较，基于 10 000 次模拟，假设变异系数为 10%
（出雏时）、6%（公鸡）和 7%（母鸡）

上市体重（kg）	每栏鸡数（只）	达到上市体重的日龄（d）			显著性达到80%时称存在差异					
					小型鸡栏（1.22 m×1.37 m）					
					12个处理（每个处理6个栏）			6个处理（每个处理12个栏）		
		出雏	公鸡	母鸡	出雏	公鸡	母鸡	出雏	公鸡	母鸡
1.82	27	32	31	33	57	27	42	36	14	16
2.50	23	39	38	42	72	43	60	35	24	26
4.09	16	56	53	60	118	66	75	73	46	56

（续）

上市体重（kg）	每栏鸡数（只）	达到上市体重的日龄（d）			显著性达到80%时称存在差异					
					小型鸡栏（1.22 m×1.37 m）					
					12个处理（每个处理6个栏）			6个处理（每个处理12个栏）		
		出雏	公鸡	母鸡	出雏	公鸡	母鸡	出雏	公鸡	母鸡
1.82	54	32	31	33	29	18	20	19	13	15
2.50	46	39	38	42	42	16	25	30	18	21
4.09	32	56	53	60	83	52	58	69	42	49

　　其原理可用以下实例来说明，如果某一公司生产体重 4 090 g 的肉鸡，每羽肉鸡 50 g 的体重差异将会带来巨大的经济损失。使用小型鸡栏，按每个处理设 6 个栏、每栏饲养 16 羽的方法设计试验，所得结果显然没有说服力，因为即使所有公鸡均用于试验，预期存在显著性的最小体重差异应为 66 g。即使采用大型鸡栏，按每个处理设 8 个栏、每栏饲养 32 羽公鸡的方法设计试验，统计得到真正存在 49 g 体重差异的概率也仅为 80%。使用公鸡能稍稍提高实现真正 50 g 体重差异的概率。然而，这种相对较小的差异，要求每个重复内有大量的鸡，同时还需要设置大量的重复。像图 2-4 中列出的计算方法对确定一个比较试验样本数量是必不可少的。

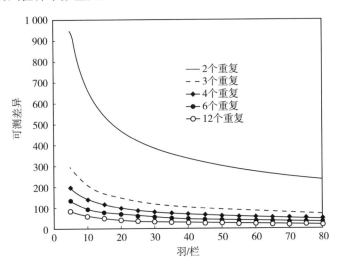

图 2-4　在饲养体重 2.5 kg 的混合性别肉鸡群时，羽/栏、栏/处理及可测差异间的权衡（80%水平）

　　试验的功效表明某一试验将能得到正确结论的概率（Zar，1981；Baker-

Bausell 和 Li，2002；Aaron 和 Hays，2004；Shim 和 Pesti，2012；Pesti 和 Shim，2012）。可检测的差异是试验功效的一个度量指标，我们并不能保证通过一个试验就能得到合适的结论。增加试验投入（增加每个处理的重复数及每个重复的样本数）也仅能提高得到合适结论的概率。不论何时，试验目的是要得到一条响应曲线，像 2.3 节中的实例一样，响应曲线的可信度很关键，需要我们进行非常详细的分析。

2.9   解决复杂问题需使用复杂的试验设计

通常，试验结果（以及鸡舍中的生产性能）会受到不止一个因素的影响。当有这种情况存在时，试验将会采用析因设计，并且根据结果得到的不是一条响应曲线，而是一个响应曲面（Myers，1971）。这些因素可以按照研究人员

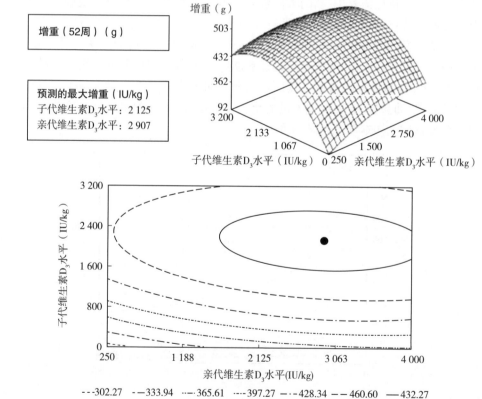

图 2-5   反应曲面试验结果实例

显示了不同的日粮维生素 D 水平对 52 周龄肉种鸡及其子代的影响

认为合适的任何组合进行处理。正如在表 2-8 中前四列所见到的那样，最常使用的设计为简单析因设计（simple factorial design）（Atencio 等，2005a，b，2006）。如图 2-5 所示，自变量可以是日粮蛋白和能量水平或日粮钙磷水平，或是亲代与子代的日粮维生素 D 水平对比。

如图 2-6 和表 2-8 所示，自变量的水平也可以是不同的配置，如中心复合旋转设计（central composite rotatable design，CCRD）（Box 和 Wilson，1951；Roush 等，1979；Liem 等，2009）。CCRD 借鉴于可以使化学合成最大化和加速反应效率的设计，其似乎适用于没有平台期的试验。二次多项式达到最大值时缺乏平台期，但更高等的生物可能会出现平台期。

表 2-8　证明两个自变量对响应影响的试验设计可行性，
中心复合旋转设计（CCRD）

处理	区组	设计类型			
		析因类		CCRD	
		x_1	x_2	x_1	x_2
1	A	-1	-1	-1.414	0
2	A	-1	0	-1	-1
3	A	-1	1	-1	1
4	A	0	-1	0	-1.414
5	A	0	0	0	0
6	A	0	1	0	1.414
7	A	1	-1	1	1
8	A	1	0	1	-1
9	A	1	1	1.414	0
1	B	-1	-1	-1.414	0
2	B	-1	0	-1	-1
3	B	-1	1	-1	1
4	B	0	-1	0	-1.414
5	B	0	0	0	0
6	B	0	1	0	1.414
7	B	1	-1	1	1
8	B	1	0	1	-1
9	B	1	1	1.414	0

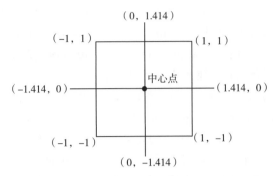

图 2-6　中心复合旋转试验设计各处理位于与中心点等距的位置

有时，我们应关注一些会导致试验结果出现变异的因素（Titus 和 Harshaw，1935），在家禽试验中，这些因素或许是具有不同小气候的鸡舍或房间，在分析时也应考虑在内。如果试验用的鸡舍有两个采用不同加热和通风系统的房间，这两个不同房间的生产结果差异需要从总的变异中去除（从均方误差中减去）。例如，试验可能在不同的月份中分阶段进行，那么这方面的差异也要从总的变异中去除。

表 2-8 展示了一个分为 A 和 B 两个区组的试验。每个处理即为一个鸡群（或区组），如要将预期结果应用到实际生产系统中去，那么我们必须确定恰当的区组系数，以便把结果与生产条件联系起来。许多因素都可以作为区组，例如，进行化学分析的日期、季节等。

在更为复杂的试验设计中，还有许多更复杂的处理安排。为便于大家理解这些设计的特性，我们给它们起了描述性名称：分区设计（split plot）、双重裂区设计（split-split plot）、裂区设计（split block）、交叉设计（crossover）和拉丁方设计（Latin square design）（Cochran 和 Cox，1957）。它们都有各自的用处，但是因为区组的存在，我们很难决定如何将结果和生产条件联系起来。

2.10　总结

尽管我们对试验设计有多种可能的解释，但是由统计分析得到的推论对研究人员才是最重要的。研究人员所选实验动物数量、每栏动物数量、每个处理栏数，以及试验目的和精确度都被视为必要和重要的。当这些条件得到确定且开始试验后，所得数据必须得到合理解释。Dunn（1929）列出了一些重要的建议，这些建议同样已被称为生物统计十二戒律。这些箴言、忠告、建议和警告时至今日依然无比重要。

Ⅰ. 切勿分析各个非独立元素的频数分布；

Ⅱ. 切勿将任意的概率标准确认为显著性的象征；

Ⅲ. 切勿因为未证明有显著差异而声称不存在差异；

Ⅳ. 切勿在非线性的双变数据中使用相关系数；

Ⅴ. 切勿将相关系数的数值范围解释为百分比率；

Ⅵ. 切勿将相关度与因果关系混淆；

Ⅶ. 确保在应用差异方程时误差间没有相关性；

Ⅷ. 切勿将数量百分比和概率相混淆；

Ⅸ. 切记在计算比率或指数之前，描述变量关系；

Ⅹ. 切勿使用卡方（χ^2），除非是对频率观测值进行分析；

Ⅺ. 切勿用任何专为检测差异显著性的方法来解释为何存在差异；

Ⅻ. 切勿滥用偶然误差概念（probable error concept）。

其中最重要的是第Ⅱ条和第Ⅲ条，下结论的研究人员喜欢在决策过程中有一些指南可以使用。他们经常忘记在现代计算机使估测实际概率变得容易之前使用的方法是旧式表格和 F 检验或 t 检验。信手拈来表中的数值，使预测概率这件事变得十分简单。如果某些处理能够出现"显著的"差异，那么我们就能轻易得出结论：二者存在因果关系（违背戒律第Ⅵ条）。一些研究人员喜欢使用像"趋势""显著"和"极显著"这样的词汇分别来描述概率 0.10、0.05 和 0.01。另一些研究人员却反对 15 大于 10 这样的描述，例如，如果该变异使该差异变得"不显著"，那么最好只告诉实际的值，而不使用主观的形容词。

如果与其他处理相比，某处理的某个指标改善了、提高了、增加了、减少了、降低了，那么所暗示的比较是在平均值之间。一个平均值与另一个平均值存在差异的概率是一个完全不同的问题，这并不能证实观测到的改善、增强、增加、减少、降低是否只是因为巧合，因为增加或者减少等结论的推断可在同一试验条件下重复得到（而不是因为碰巧）。在应用农业中，概率应该仅是确定是否有必要作进一步的试验以对差异进行定量，同时决定食品生产的最佳最经济的条件的指南。

（侯磊、王鹏祖译，刘平祥、高和坤校）

3 试验日粮的实际相关性

M. CHOCT[*]
新英格兰大学，阿米德尔，澳大利亚

3.1 引言

　　大多数动物营养研究都属于应用科学，同样研究结果也都与行业相关。这意味着，原料的选择、配制日粮所用的营养参数、常用饲料添加剂的种类、日粮的物理特性以及料型都需要与所饲喂动物的种类和年龄（或生产阶段）相匹配。忽略了以上任何一个因素都可能会导致研究结果不具有实用性。然而，不论研究人员如何努力，有时很难满足这些标准。当出现这种情况时，我们应该考虑最重要的部分，如日粮营养平衡，同时其他无法调整的方面也要进行清晰的描述并证明是合理的。

　　之前两章详细介绍了如何对单胃动物进行有效的营养试验。本章我们将专注于营养试验的应用方面，讨论如何配制一个能够保证动物的生产性能与商业生产目标相匹配的实用日粮。显然，在很多情况下，试验的目的不是来确定动物的生产性能，即使它有可能做到这一点。比如，确定某种原料（例如植物性蛋白原料或脂肪和油脂）的能量水平可能需要用到同一种原料的多个添加水平，这使得要平衡所有营养（包括试验日粮的能量值和蛋白质含量）变得非常困难。其他实例包括专为测量内源性分泌物或者确定单个营养指标存在与否的试验。在这些情况下，对照日粮将无法维持动物在商业性生产条件下的生产性能，比如在一个测量某一种蛋白原料中代谢能（metabolizable energy，ME）的剂量效应研究中，有些日粮将会供给过多的氨基酸。再者，研究人员很难对此类日粮中的营养进行平衡，因此，期望动物的生产性能达到商业生产的目标也是不现实的。因此，研究人员有责任明确地描述该研究的目标，而且要避免发生根据此类试验的结果给出生产性能数据的情况，除非与所讨论的试验有特定的相关性。

---

　　* mchoct@une.edu.au

3.2　动物实际的生产性能

3.2.1　衡量动物生产性能的指标

与营养研究相关的术语"生产性能"在不同种类的动物上有着不同的参数。在肉鸡和生长猪上，它指生长速度（增重、平均日增重）、采食量、料肉比和死亡率。许多国家用饲料转化率（或饲料转化效率，feed conversion efficiency，FCE）来衡量动物的生产性能，因为这个指标综合了生长速度、采食量以及（大多情况下）死亡率。料肉比（feed conversion ratio，FCR）是基于一段时期来统计获得的，比如一周时间内，计算如下：

$$FCR = \frac{周采食量}{周增重 + 死亡动物体重}$$

一些研究人员也采用饲料转化效率：

$$FCE = \frac{周增重 + 死亡动物体重}{周采食量}$$

在家禽行业，育种公司通常会根据料肉比而不是饲料转化效率发布其动物品种（品系）的生产性能标准。因此，如果你提供料肉比数据而不是饲料转化效率数据，那么评估员能够很容易地根据该品种的标准对你所饲养动物的生产性能进行检查。

在欧洲，肉鸡的生产性能是用欧洲生产效益因子（european production efficiency factor，EPEF）来衡量的，它综合考虑了料肉比、活重、存活率和屠宰日龄：

$$EPEF = \frac{活重（kg）\times 存活率（\%）}{屠宰日龄（d）\times 料肉比} \times 100$$

尽管这是一种衡量动物生产性能更加复杂的方法，但是它的优点在于，只需要提供一个单一的数值，就可以对不同群体进行比较，并可以与该品种标准进行对比，无须考虑该品种特定年龄的目标生产性能或者死亡动物的体重。

对产蛋母鸡而言，生产性能通常指母鸡所产鸡蛋的总和，以每羽母鸡每天的产蛋量来衡量，例如，一羽母鸡在它开始产蛋后，到指定的某一天所产鸡蛋的数量。在试验条件下，这种数据难以获取，除非该试验的时间贯穿母鸡的整个产蛋期间。因此，产蛋母鸡的生产性能通常以入舍母鸡产蛋量（hen-house egg production）来记录，换言之是指试验期间母鸡舍内产蛋母鸡的比例。

对于生长猪来说（从断奶到上市期间），营养研究中有实用意义的指标包括采食量、生长速度（随着时间的推移体重的变化）和料肉比或饲料转化效率。猪营养研究趋向于使用饲料转化效率（FCE），这或许是因为与家禽不一样，猪在转移到试验设施中后可能会失重，尤其是在断奶期间。然而，对此并无具体的理论学知识支持，这只是一些研究人员用来展示其研究结果的常用方式。

在猪营养试验中，胴体重、屠宰率以及胴体质量指标［如背膘厚（P2 点处背部脂肪厚度）和眼肌深度］也是非常重要的，因为许多国家通常根据胴体重、胴体瘦肉率和/或 P2 点背膘厚来付款的。这些参数都会受到营养的影响，而且会因性别和品种的不同而不同。因此，在设计和分析猪营养试验时，这些因素均需要加以考虑。

猪的营养试验比家禽的更加复杂，因为许多养猪生产者使用不同的父系或者母系来生产特定的杂种猪。然而，现代猪种通常有"预期"生产性能水平，这些预期性能一般差异不是很大。表 3-1 展示了现代猪种预期的生产性能水平，可以将此作为一般的准则。

不同猪种的商业性生产性能标准也能在网上查询到。品种标准指种猪在合理的管理和环境条件下、按照其培育公司推荐的营养水平来饲喂时可以达到的生产性能水平。

学术期刊经常会收到生产性能数据远低于相关品种预期标准的动物营养类稿件。要特别关注的是饲料添加剂的功效是在动物还没有达到其最佳生产性能的情况下测得的。此类试验通常将试验组动物的生产性能与对照组动物的生产性能进行比较，而对照组动物的体重和料肉比一般远低于该品种的标准水平。当与此类对照日粮进行比较时，试验组动物的生产性能看起来非常好，尤其是在试验组动物的生产性能以增加的百分率方式表示时。评估者以及将来的商用终端消费者会提出如下问题：如果动物的生产性能达到了该品种标准，试验组还会有其看起来那么好的效果吗？这个问题不会有满意的答案，因为动物的生产性能可能会受到多个因素的影响，如营养、环境、应激、疾病以及饲养管理。人们很难有把握地确定这些因素中的哪一个因素致使对照组的动物未能达到最佳生产性能以及试验组是如何消除与此有关的一个或所有因素的。

表 3-1 商品猪的预期生产性能

体重范围（kg）	阶段	生长速度（g/d）	饲料∶增重	采食量（kg/d）
6.5～25	保育猪	450～550	1.4～1.8	0.63～1.0
25～55	生长猪	750～850	2.0～2.4	1.50～2.1
55～105	育肥猪	850～1 100	2.6～3.0	2.20～3.1

3.2.2　动物生产性能结果展示

3.2.2.1　家禽

为了让实验室的营养试验结果能适用于生产，从遵循商业生产要求的角度来调整日粮和生产性能是必要的。这对于根据不同生长阶段的平均日采食量来配制日粮并考虑到商品群体大小而不是按周任意地划分生长阶段（比如 1～3 周、3～6 周等）的肉鸡生产和养猪领域特别有意义。因此，如果有可能，试验设计应尽可能尝试反映这一行业的习惯。在肉鸡研究中，为满足市场的需要，肉鸡是根据不同的活重而不是日龄进行屠宰的。同理，饲喂阶段是根据饲料的消耗量而不是按日龄来划分的。一些商业生产者更喜欢使用实际耗料量而不是日龄变化来划分饲养阶段，因为它能调节因环境或轻微疾病等各种变量引起的生长速度的细微变化，这是一种对制定生产和出栏计划比较实用的方法。

例如，肉鸡各个生长阶段的饲料消耗量可能是：300～600 g 开食料，1 000～1 200 g 生长料，1 500 g 育肥料，上市前停料。

体重、采食量和料肉比的测试结果应该按与饲料消耗量相符的相关生长阶段划分，比如，第 0～10 天为开食期，第 11～24 天为生长期，第 25～38 天为育肥期，第 39 天为上市停料期。

3.2.2.2　猪

猪从断奶到上市要喂 7～8 种不同的日粮，上市体重也有差异，从 90 kg 到 140 kg 不等。但是，不论在哪个国家或不论出栏体重为多少，生产性能都采用相同的方法测量。对生长猪而言，随着体重的不断上升饲料利用效率不断下降，因为随着体重的增加和能量的摄入，蛋白沉积（每个单位的能量摄入）减少，体脂和胴体脂肪含量增加。这会受到日粮中能量浓度的影响，因此，许多研究人员用单位增重所需的能量（消化能/代谢能/净能）来表示日粮中的能量水平。当然，作为一个重要的经济性能指数，饲料转化效率或许是最经常使用的度量标准。

本章的目的是要强调在进行营养试验时应尽可能重视行业习惯的重要性。现代的猪种对于营养过剩或者营养不足非常敏感，因此在设计配方时，不断调整日粮的营养含量，来尽可能满足动物的营养需求，以避免发生营养过剩或者营养不足。除了一些基础性研究需要使用纯合日粮或半纯合日粮以回答特定的问题外，大多数应用性营养研究中的对照日粮应该含有合适比例的原料以及能够让猪达到商业性生产性能（如生长速度、采食量以及饲料转化效率）标准的营养水平。这种对照日粮应该作为该研究的基准，用于与其他处理日粮的使用效果相比较。

当然，制订一个实用并合适的对照日粮的起点取决于一个合理的饲料配方。

3.3　饲料配方

饲料行业的发展与全球 GDP 的增长以及人类对高质量动物蛋白需求的增加密切相关。在过去的几年中，饲料原料的贸易已经逐渐演变为原料可替代性以及物理组分的科学。这是由于：①对动物在规模化生产时的营养需求有了更详细的了解，导致动物的营养需求越来越精确；②大多数常用原料的营养组成目前已经得到了充分的掌握；③研究人员已经掌握了不同种类的动物及其品系对许多常用饲料原料的消化率；④人们已经充分掌握影响不同动物对各种营养物质消化吸收的关键因素。人们已经深入了解原料选择以及添加限制对饲料生产过程和日粮稳定性的影响。另外，营养组成以及营养价值（如可消化氨基酸）的测量已经更标准化了（Adeola，2013）。这也促使饲料配制更精细化，反过来这对于现在及将来的可持续动物生产是非常必要的。

在本质上，制定饲料配方是一项如何以最经济的方式用身边可用饲料原料的营养含量来满足目标动物营养需求的经济活动。然而，在大部分实验室研究中，研究人员将制定饲料配方看成是一项科学活动，忽略了对照日粮的生产成本和实用性。这一点常被人们认为是合理的，因为在很多试验中，为测试某一原料的添加量或者某些营养物质的可消化性，研究人员要求日粮的原料组成简单化，例如：使用半纯合日粮的试验，或测量某一种用量较少的原料的可消化能/代谢能。另一方面，一些以解决商业生产中相关问题为目的的研究（如测试饲料添加剂的营养价值和可替代原料的价值）或许不应将与日粮相关的成本排除在饲料配方之外。

3.3.1　饲料配方的营养因素

在可行的情况下，试验的实用性应该从制定对照日粮配方时开始。为了配制出一个合理的对照日粮，对于营养试验至少有三个方面必须了解：①饲料厂中可利用原料的化学组成和营养价值；②准备用作实验动物的营养需求；③原料的加工工艺。

从一开始，饲料配方在营养上需要考虑的问题是明确的。首先，不同动物的营养标准、原料的营养组成和能量水平已经被充分掌握。然而，其他一些问题还需要认真考虑，最重要的就是要了解所使用的原料。

3.3.1.1　了解原料

对于猪和家禽的饲料配方，原料通常分为主料（major ingredient）、辅料（minor ingredient）和微量原料（micro ingredient）。主料包括谷物、谷物副产品、粕类蛋白以及脂类（脂肪和油脂）；辅料包括常量矿物元素，如钙、磷、氯化钠（一般来自但不局限于石灰石、磷酸盐、盐和碳酸氢钠）。微量原料包括合成氨基酸（赖氨酸、蛋氨酸、苏氨酸、缬氨酸、精氨酸、异亮氨酸、亮氨酸以及其他一些价格可承受的可用氨基酸）、维生素、微量元素（一般通过预混料添加）、饲用酶制剂以及任何必要的药物（如抗球虫药）。

原料的选择取决于试验所在的地区或者目标市场。然而，大多数微量原料（如合成氨基酸、维生素、微量元素预混料和酶制剂）在全世界非常相似。甚至一些主料（像豆粕）只来源于少数地区（阿根廷、巴西、美国和印度）。因此，主要的区别在于能量原料的使用，比如谷物、脂类和炼脂副产物（肉骨粉、血粉、禽肉粉和羽毛粉）。

谷物（如玉米、小麦、高粱和大麦）与豆类和油籽粕搭配，除了可以为单胃动物提供大部分的能量和氨基酸外，同时也是抗营养因子的主要来源，这对如何有效利用所有的日粮组分有非常大的影响。

单胃动物日粮中所用的谷物在物理和化学特性上的差异来自谷物的种类、季节性生长条件和种植地以及收割后的处理方法，如储存条件（储存时间、温度、湿度）。猪和家禽饲料中的谷物在能量和蛋白质含量（这最能代表原料的营养值）上可能会有巨大的差异。一些差异源自各种抗营养因子（如非淀粉多糖、酶活力、单宁酸、烷基间苯二酚、蛋白酶抑制剂、淀粉酶抑制剂、植物血凝素、生物碱、皂苷以及甲酯）上的差异。此类因子的相对重要性因所讨论谷物的种类不同而不同。

例如，谷物在非淀粉多糖的含量上差异非常大，这可以影响其饲喂猪（Cadogan 等，2003）和家禽（Choct 和 Annison，1990）的营养价值。单胃动物日粮中常用的非淀粉多糖降解酶在全世界取得巨大成功的事实强有力地支持了这一理论。在很长一段时间内，许多尝试都无法提供明确的证据，证明谷物对家禽的营养价值能够通过使用简单的低成本的物理化学检测法（单独使用或与其他方法联合使用）来进行精确预测。然而，仍然非常有必要去继续探讨这些简单的检测方法，希望能够发现与更为复杂的检测方法之间存在有用的统计关系，或者希望借助更强大的技术，比如近红外光谱，使一些简单的检测方法能用于精确的预测方程式中。

最后，单胃动物日粮中谷物的营养价值不仅决定于谷物的物理和化学特性，也决定于这些特性与动物摄取、消化、吸收和代谢过程的相互作用。

事实上，人们几乎不可能预先对试验所用原料进行彻底的定性，且也没必要这样做。但是，通过肉眼观察来评估原料的发霉和污染状况（杂草种子）以及物理性状〔如谷物的饱满度、正常的颜色和气味（脂肪和油）〕，或者通过一些基本的化学分析（如水分、蛋白和其他能对了解某一特定原料非常重要的指标，如肉粉中的总灰分含量、木薯中的淀粉含量和石粉中的钙含量），来充分了解原料是非常必要的。在营养试验中，真正聪明的作法是利用自己的营养学知识，用原料配制出一个"基础干扰"少且能精确代表同类商品日粮的对照日粮。

总之，如果审稿人看到类似以下的稿件，即稿件有大量介绍试验过程的内容，同时也列出了一些可能很有用的结果，但因缺乏对对照组日粮必要的描述（即既没有预先说明主要原料的特性也没有任何基本营养物质的测定标准）而使该结果模糊不清，那么这通常是非常令人失望的。

3.3.1.2　营养需求

如前一节所述，当你看到大量有价值的研究是完全建立在不合理的对照日粮基础上时，没有什么能比这更令人痛心了。不幸的是，由于使用过时的标准或不合适的营养需求值，这种情况经常会发生。这其中首先是美国国家研究委员会（National Research Council，NRC）为家禽制定的标准——《家禽营养需要》，该标准最近一次的更新还是在 1994 年（NRC，1994）。该标准以杰出的科学研究成果为基础，且符合当时的行业习惯做法。的确，作为一个值得信赖的指导方针，NRC 的家禽营养需要标准已经为全球家禽业服务了许多年。然而，其更新没有能跟上家禽科学和家禽行业的发展速度，因此该标准的许多方面现在已经过时了。尽管如此，一些研究人员在研究中仍在使用 NRC 的 1994 年版《家禽营养需要标准》，这导致研究人员很难比较对照组与处理组之间的效果，因为对照组家禽所表现出的生产水平要比该品种的标准值低20%～30%。在这种情况下，很难将动物生产性能上的任何效应归因于所采取的处理，因为如果对照组家禽能够表现出该品种的标准生产水平，那么这种处理效应可能会显现不出来。

有人认为，由于给所有家禽都饲喂相同的饲料，因此生长速度或饲料转化率上的任何改善都应归因于所采取的处理。但是，这样的论据站不住脚，因为该处理可能会产生一个至关重要的营养缺乏阈值，降低其对动物生产性能的有益效应。如果喂给动物营养充足的日粮，这种情况将不会发生。Applegate 和 Angel（2014）深入讨论过对 NRC 的《家禽营养需要标准》进行更新的需求。

要配制一个有实用意义的日粮，最明智的作法是参考为您提供试验动物的育种公司推荐的营养标准。畜禽的营养需求有很多种标准，包括国家标准、育种公司标准和其他商业生产标准。例如，Aviagen 和 Cobb Vantress 公司对他们培育的所有家禽品种都有一套全面的营养标准。同样，对于猪来说，有更新的 NRC 标准（NRC，2012），以及丹麦版《猪的营养需要标准》（*Nutrient Requirement Standards for Pigs*，丹麦猪研究中心，2014）和猪改良公司（Pig Improvement Company，PIC）的《猪营养规范指南》（*Nutrient Specifi-*

cations Manual，PIC，2013）。

3.3.1.3 能量供应

能量是所有生理活动的动力，但在动物和人类的营养中，它以某种营养物质的形式出现。在猪和家禽中，它主要来自淀粉、脂肪和蛋白质，少量来自非淀粉多糖（non-starch polysaccharides，NSPs）。在生产实践中，单胃动物饲料的能量水平由经济标准而不是营养需要决定，但要达到该品种标准，饲料的能量水平必须设置合理。描述饲料能量值的术语有许多，这会让人产生一定的混乱。但是，对于家禽来说，饲料的能量值用将氮（nitrogen，N）校正至零滞留值的表观代谢能（AMEn 或 AME_n）来表示，通常简化为代谢能（ME）或表观代谢能（apparent ME，AME）。

饲料原料的 ME 值一般会制成表格，其作为饲料配方的依据使用。这样做，各种饲料成分的 ME 值貌似完全可以相加。如果 ME 值是饲料的唯一特征，则这是可接受的。实际上，ME 值源于饲料成分和动物之间的相互作用，因此它反映了由动物和饲料二者引起的变化。事实上，通过将配制日粮时所用到的各种饲料成分的 ME 值相加来获得该日粮的 ME 值是不正确的。多年来，许多研究重点探讨了如何使原料的 ME 值变得"比较稳定"，并在此基础上如何使其在不同种类和日龄的家禽中"更为一致"。真代谢能（true metabolizable energy，TME）法或用氮校正 ME 值的方法是两个重要的实例。ME 法的生物相关性和对 ME 法进行各种校正的必要性受到了 Vohra（1972）和 Farrell 等（1991）的质疑。

对于猪来说，饲料的能量值以消化能（DE）而不是 ME 表示。在第 11 次修订的《猪的营养需要标准》（NRC，2012）中，NRC 强调了源于饲料原料特别是高纤维原料的校正能量含量的重要性，并建议在可能的情况下使用净能（net energy，NE）表示。虽然饲料成分的 NE 值不能直接测定，但 Noblet 等（1994）开发的预测方程已得到了广泛应用，因为它被证明具有良好的实用相关性。

总之，对家禽而言，饲料能量值通常用 AME_n 表示；然而对猪而言，饲料能量值使用 DE 表示。NE 在猪日粮的饲料配方中正日益普及。

3.3.1.4 蛋白质和氨基酸

所有单胃动物的日粮必须含有足够的蛋白质和合成氨基酸，以为其生物学功能和生产提供必需氨基酸和非必需氨基酸。虽然术语"氨基酸消化率"已被广泛使用，且很好理解，但实际上并没有所谓的氨基酸消化率，有的只是蛋白质消化率。蛋白质消化产生的最终产物是氨基酸，后者被动物吸收或被微生物降解。

与饲料的能量值一样，氨基酸值也会让一些研究人员感到困惑。这是因为饲料的氨基酸值有许多不同的数据，并且通常在数据库中很难辨别其含有哪些可消化的氨基酸。

总氨基酸表示某一原料中通过化学分析测得的氨基酸总量。由于不是所有氨基酸都可被动物吸收，因为含有氨基酸的蛋白质不能被完全消化，所以营养师用可消化氨基酸值来评估蛋白质的营养价值。首先，氨基酸消化率对不同的动物品种和生长阶段具有特异性。表示可消化氨基酸的术语很多，包括（表观）粪便可消化氨基酸、（表观）总消化道可消化氨基酸、真粪便可消化氨基酸、（表观）回肠可消化氨基酸、真回肠可消化氨基酸和标准回肠可消化氨基酸（standardized ileal digestible amino acids，SID）。养猪业通常使用"可利用氨基酸"这一术语，因为在某些氨基酸（如赖氨酸）中，它们中的一部分可以与消化物中的组分发生反应而变得可吸收（Moughan 和 Rutherfurd，2012），但不能被利用。Batterham（1992）将其定义为"以一个适合蛋白质合成的形式被消化和吸收的日粮氨基酸的比例"。所有这些描述涉及：①进行测量的胃肠道部分，例如在回肠或总消化道（粪便）中；②是否对基础内源性损失（表观与真实或标准化）进行校正。

在没有一个更准确或更实用的方法来表示饲料中氨基酸的情况下，氨基酸的 SID 值已成为猪和家禽氨基酸营养中的公认指标。

3.3.1.5　理想的蛋白质组成

绝大多数蛋白质含有所有 20 种不同的氨基酸，以此作为其组成部分。为了满足动物的基本需求，某些氨基酸必须由日粮提供，因为它们在动物的胃肠道和肝脏中不能被合成或合成不够迅速。这些氨基酸被称为必需氨基酸。猪和家禽有 10 种必需氨基酸：蛋氨酸、赖氨酸、色氨酸、苏氨酸、异亮氨酸、亮氨酸、缬氨酸、精氨酸、组氨酸和苯丙氨酸。

虽然缺乏任何一种必需氨基酸都会影响动物的生产性能，但有些氨基酸在蛋白质合成上比其他氨基酸更为重要。这些至关重要的氨基酸被称为限制性氨基酸（Mitchell，1964）。对于家禽而言，蛋氨酸是第一限制性氨基酸，而对于猪则是赖氨酸。

为使动物达到最佳的生长速度和饲料转化，每一种氨基酸必须以一个特定的含量出现在日粮中，以保证氨基酸没有缺乏或过量。这就是"理想蛋白质"概念（Mitchell，1964），一个更为准确的描述是"理想可消化必需氨基酸比例"。理想蛋白质组成可以通过相对于赖氨酸的所有必需氨基酸的含量来设置。用赖氨酸作为该比例的依据有很多原因：①赖氨酸是猪营养上第一限制性氨基酸，是家禽营养上第二限制性氨基酸；②日粮赖氨酸仅用于蛋白质沉积和维持；③饲料原料中的赖氨酸分析方法较简单；④在各种日粮、环境和生理条件下很容易获得可靠的赖氨酸需求数据；⑤赖氨酸是在实际日粮中第一个能够添加的氨基酸之一（Emmert 和 Baker，1997）。

使用理想蛋白质组成是为了操作上的方便，而不是营养的原因。假设所有必需氨基酸的需求与赖氨酸成比例地变化，因此需要正确设置相对于饲料配方中日粮能量水平的赖氨酸需求，然后计算其他氨基酸与赖氨酸的比值（Baker，2003）。

表3-2、表3-3和表3-4显示了猪和家禽的许多理想蛋白质组成。在猪营养上，每一种氨基酸的需要以相对于可消化赖氨酸的比值来表示（SID）；在家禽营养上，每一种氨基酸的需要以真消化率（TD）来表示（味之素动物营养集团，东京）。

所有育种公司，如Evonik公司，都会推荐猪和家禽的理想蛋白质组成。

在实际日粮配方中，必需氨基酸比例通常只设定最小值而没有最大值，以此来限制一些氨基酸（例如亮氨酸）的过量。在实际日粮中，半胱氨酸需求通常可以利用日粮中的蛋氨酸进行合成后来满足。实际上，蛋氨酸并不会以1：1的方式转化成半胱氨酸，但实际的日粮配方通常采用这种假设。

表3-2 生长猪饲料的理想氨基酸组成（以赖氨酸SID的百分比表示）

氨基酸	仔猪	生长猪	肥育猪
赖氨酸	100	100	100
蛋氨酸＋半胱氨酸	60	60	60
苏氨酸	65	67	68
色氨酸	22	20	19
缬氨酸	70	>65	>65
异亮氨酸	53	53	53
亮氨酸	100	100	100
组氨酸	32	32	32
苯丙氨酸＋酪氨酸	95	95	95
精氨酸	42	42	42

表3-3 母猪饲料的理想氨基酸组成（以赖氨酸SID的百分比表示）

氨基酸	泌乳母猪
赖氨酸	100
蛋氨酸＋半胱氨酸	60
苏氨酸	>70
色氨酸	24
缬氨酸	85
异亮氨酸	55
精氨酸	42

表 3-4　家禽饲料的理想氨基酸组成（以赖氨酸 TD 的百分比表示）

氨基酸	肉仔鸡和火鸡[a]	蛋鸡
赖氨酸	100	100
甲硫氨酸＋半胱氨酸	75	85
苏氨酸	65	70
缬氨酸	80	90
异亮氨酸	67	80
精氨酸	105	110
色氨酸	17	24
组氨酸	40	
亮氨酸	105	
苯丙氨酸＋酪氨酸	105	

注：[a] 表示火鸡的数值来自肉仔鸡，可能存在一定变化。

单胃动物氨基酸营养研究的下一步是探索"非必需"氨基酸在蛋白质合成、免疫和动物生产性能中所起的作用。条件性必需氨基酸或半必需氨基酸的概念已经得到了人们的调查研究（Moran，2011）。这些氨基酸是指可以在动物胃肠道和肝脏中合成但在某些情况下会变成限制性的氨基酸。随着更多的氨基酸以非结晶的形式生产出来，未来的饲料配方无疑会添加一些目前在理想蛋白质组成中被认为是非必需的氨基酸。

《动物营养中的氨基酸》（*Amino Acids in Animal Nutrition*）（FEFANA，2014）一书中提供了有关动物氨基酸营养及其实际应用的综合信息。

3.3.1.6　纤维

在单胃动物营养中，纤维在饲料配方中并不受到重视。其原因有多个：第一，大多数营养师不了解纤维在动物营养上的作用，并且几乎把它当作饲料配方的充填物。这并不奇怪，因为他们知道大多数数据库列出的粗纤维（crude fibre，CF）值并不准确。实际上，CF 值表示不同比例的木质素和纤维素。真正的纤维应该是以非淀粉多糖（NSP）与木质素总和的方式测定。CF 仅占谷物中真纤维的 25% 左右，而在豆粕等植物性蛋白质原料中则含量不到 15%（Choct，2015）。第二，目前还没有可用于饲料配方的 NSP 数据库，并且用 NSPs 替代 CF 的任何努力都会遇到阻力，因为一些国家要求在饲料标签中标明 CF 值，而另一些国家使用 CF 值作为饲料原料交易的一项标准。第三，饲用酶技术的出现引发了这样的观点：由于使用合适的酶制剂可以解决可溶性 NSPs 的不良影响，因此饲料配方中因纤维产生的一些问题不再是问题。

当然，现实情况是，人们用缺失最重要原料中 15%～30% 组分的数据库生产全球不断增长的动物饲料。这种做法的可行性应该受到质疑。

3.3.1.7 脂肪

日粮脂质中的大部分能量来自甘油三酯；饲料脂肪通常是含90%～95%甘油三酯的油。非甘油三酯的组分包括游离脂肪酸、甘油单酯和甘油二酯以及"MIU"（水分、不溶性杂质和不能皂化的物质）。甘油三酯必须通过脂肪酶水解成游离脂肪酸（free fatty acids，FFA）和甘油单酯后供动物吸收和代谢，从而产生 ME 和 DE。在脂肪酶水解之前，长链脂肪酸（>C14）必须先乳化形成乳糜微粒，以增加溶解性。决定脂肪和油脂中 ME 和 DE 值的主要因素是动物年龄、游离脂肪酸含量、脂肪酸饱和度（不饱和脂肪酸与饱和脂肪酸的比值，U：S）和脂肪酸碳链长度。一般来说，幼龄动物的日粮需要含较低水平的 ME 和 DE、较高水平的 FFA 和较低的 U：S 比值，且脂肪酸碳链长度低于C14。

除了提供能量之外，一些脂肪酸的特殊功能也是单胃动物所需要的。例如，亚油酸（ω - 6）是一种必需脂肪酸，在家禽日粮中的添加水平通常约为1%。尽管很多深入的研究表明，影响鸡蛋大小的是日粮总脂质含量而不是亚油酸本身（Whitehead，1981；Grobas 等，1999），但是有些人用超过1%的亚油酸配制日粮来提高蛋重，这通常会增加饲料成本。

3.3.1.8 矿物质及其他

◆ 主要的矿物质

人们对单胃动物矿物质营养的新认识取得了重大进展。首先是磷（P）。鉴于单胃动物对植酸磷的利用率较差，饲料配方将磷的营养表示方法从总磷调整为有效磷（available P，aP）。有效磷通常能与非植酸磷（non-phytate phosphorus，NPP）互换使用，它是指相对于参考磷源（常被认为100%可利用）的磷潜在利用效率，但它不是指被吸收后变得可以被动物利用以满足其需求的磷。因此，越来越多的研究主张应该使用能够代表被动物留存在体内的实际数量的磷值。Leske 和 Coon（2002）指出，"由基于测定排泄磷的留存分析法测得的饲料磷值应该被称作可留存磷而不能称作可消化磷或有效磷"。关键是植酸磷不是100%可被单胃动物利用，而非植酸磷也不是100%可利用。生理的、日粮的和营养的因素都会影响磷的可利用性。然而，实际的饲料配方还是使用aP 值，不过这种情况在不久的将来也许会发生改变。

该讨论的另一方面是日粮中的钙（Ca）。很明显，来自所有植物原料的 Ca 都不是100%可消化的。事实上，玉米和豆粕中钙的消化率为20%～30%，石灰石中钙的消化率为60%～70%（Angel，2013）。随着酶制剂的使用，如植酸酶和木聚糖酶，以及钙使用水平的降低，日粮钙供应的"安全界限"正在缩小，因此需要更精确的日粮钙数据（Angel，2013）。这种精确的数据可能仅来自胃肠道对可利用钙的实际吸收值。因此，未来的情况将是单胃动物日粮中磷和钙的添加水平总体会降低，对 aP（或可消化磷）值和可消化钙（digestible Ca，dCa）值有更合适的定义。

◆ 微量元素

传统上，大多数商业性营养师并不会弄错其饲料配方数据库中微量元素的含量。其原因是微量元素是以预混料方式添加的，预混料需要以一个既定的比例加入日粮中以满足动物对微量元素的需要。近年来，微量矿物质成为动物营养上的一个热门话题，首先是因为一些公司开始生产螯合类矿物质，也被称为有机矿物质，其次人们充分认识到微量元素即使在微量的添加水平下也会影响动物的许多重要的生物功能。

◆ 维生素

维生素通常以预混料的方式加入日粮中，但根据动物的生产环境或生长阶段，现在一些维生素以不同的添加水平使用。例如，对处于较高氧化应激状态下的动物以及为了延长肉的保质期，维生素 E 的添加水平要高于正常添加量；同样，维生素 C 可以以一个稳定的形式加入饮水和饲料中以减少动物的热应激。

◆ 营养添加剂

营养添加剂，如酶、益生元、益生菌、共生菌、草药、香味剂、精油、有机酸和植物抗菌剂，经常用于营养研究。此外，部分添加剂已经成为商业饲料的一个正常组成成分，因此，只要不影响试验计划证明的处理效果，将它们加入对照日粮中已无任何问题。

3.3.2　饲料配方在动物健康方面需要考虑的因素

满足动物的营养需要只是生产实用日粮的一个方面，严格地说，还有许多在传统意义上不是营养角度要考虑的因素。药物、防腐剂（例如霉菌抑制剂）和抗氧化剂都与可以确保配制的饲料安全且可避免饲料在生产过程中或生产后产生有害代谢物的预防性措施相关。其中许多物质还有其他作用，如抗菌和增强免疫。

3.3.2.1　药物

使用药物是饲料配方中的一个复杂领域。它是由动物群体的健康状况以及所在国家和地区的政策决定。幸运的是，在试验条件下，环境非常清洁，动物的健康和饲养管理受到严密的监控。这导致参加试验的动物很少出现健康问题，并可以避免使用商业性生产条件下所需的大多数药物。但是，营养试验通常会使用商业饲料。因此，药物必须经过极为严格的审查，因为大多数药物是抗菌药物，如抗生素和抗球虫药物，它们会影响试验结果。

3.3.2.2　防腐剂

无论饲料在何种条件下储存，随着时间的推移，饲料的营养质量都会出现一定程度的变质。商业饲料配方会使用多种防腐剂来防止配制的饲料发生腐败。这方面常用的添加剂是防霉剂和抗氧化剂。

防霉剂用于预防饲料发霉。霉菌是活的真菌，它们能在饲料和饲料原料中生长，特别是当饲料或饲料原料的水分含量和温度适宜时。不幸的是，许多真菌会产生对动物有毒的代谢产物。黄曲霉毒素就是真菌产生的此类代谢产物。用于食品的防腐剂比用于饲料的防腐剂种类更广。大部分防腐剂由酸、还原剂和盐组成。许多酸来自酸化剂，它们通过抑制微生物的生长来防止饲料受到微生物的污染，而且在动物的胃肠道中还有抗菌作用。微生物污染不仅仅会引发动物的健康问题，它还常常会引发人的食品安全问题，如导致人类发生弯曲杆菌、沙门氏菌和大肠杆菌感染。

3.3.2.3 抗氧化剂

氧化是饲料和饲料原料的主要问题，特别是在炎热和潮湿的条件下。脂肪的酸败、某些维生素（例如维生素 A、维生素 D 和维生素 E）的破坏，色素的损失和氨基酸的腐败都是由自由基引起的氧化损伤的后果。这会降低饲料的营养价值，并导致重大的经济损失。从试验的角度来看，尽管在分析原料的常量营养成分和在使用最新的配方参数上能做到一丝不苟，但配制而成的日粮仍会导致动物生产性能不佳，且使人们难以解释试验结果。

抗氧化剂在饲料配方中扮演着多个角色。例如，许多抗氧化剂也是微量营养素，例如维生素和硒。

3.3.3 饲料配方在加工方面需要考虑的因素

3.3.3.1 非营养性添加剂

单胃动物的配合饲料类型分为颗粒料、粉料、破碎料、全谷物料和液态料。每种类型的饲料都有其独特的加工要求，所生产的饲料必须对计划饲喂的动物美味可口。

对肉仔鸡而言，大多数国家最初饲喂破碎料，随后喂给颗粒料。对产蛋鸡来说，大多数国家使用粉料。对于猪来说，颗粒料和粉料都使用，但是这两种形态的饲料使用比例因国家和地区而异。在一些国家，液态料还与颗粒料和粉料一起进行饲喂。

3.3.3.2 颗粒黏结剂

对颗粒饲料来说，颗粒的完整性很重要，因为它决定了饲料颗粒的质量和优点。如果颗粒饲料含太多松散的颗粒（即细粉），则营养分离情况可能会发生，导致动物摄入的营养不均衡。这对家禽品种更是一个问题，特别是有"铲状喙（shovel feeders）"的家禽，如鸭和鹅。影响颗粒质量的因素有很多，包括淀粉的糊化作用、研磨的颗粒、蒸汽质量、颗粒挤压、油脂含量、矿物质含量和所用谷物类型。表 3-5 展示了会影响颗粒质量的常用谷物的固有特性。单从饲料配方的角度来看，用含有高水平玉米、高粱、小米或木薯的日粮制成的饲料颗粒在质量上一般较差于用含有小麦的日粮制成的饲料颗粒。较高含量的麸质、含有可溶性 NSP 和控制油脂含量似乎都有利于提高颗粒的质量。然而，要控制这些因素并不总是切实可行的。因此，对于一些日粮来说，若要提高它们制粒后的颗粒质量则可以添加颗粒黏结剂，这些黏结剂大多为黏土或各类黏土的混合物。

表 3-5　谷物的理化特性（Rogel，1985）

原料	淀粉（%）	直链淀粉（%）	粒度大小（nm）	糊化温度（℃）
玉米	75	28	2～30	62～72
糯玉米	75	0.8	4～28	63～72
高链淀粉玉米	74	52	4～22	67
高粱	68	—	3～27	68～78
大米	80	18.5	—	68～78
小麦	65	26	3～35	58～64
黑麦	60	—	—	57～70
大麦	55	22	2～40	52～60

3.3.3.3　调味剂/甜味剂

饲料的感官属性对于猪非常重要，因为猪可以察觉到细微的味道和气味。例如，断奶仔猪会拒绝采食含有白羽扇豆的饲料，因为白羽扇豆含有生物碱，而许多精密分析仪器都难以检测到生物碱。因此，猪饲料有必要添加调味剂或甜味剂。

3.3.3.4　色素

不同国家的消费者对蛋黄颜色和肉色的偏好不同。对蛋黄和肉鸡皮肤的颜色要求在不同的国家甚至同一国家不同的地区之间差别很大。有些国家的消费者喜欢金黄色或橘红色的蛋黄，而有些国家的消费者则偏爱淡黄色的蛋黄。同样，一些国家的消费者喜欢黄皮肤的肉鸡，而另一些国家的消费者则偏爱白皮肤的肉鸡。这些偏好的产生有其自然原因：以黄色玉米为主要谷物来源的国家习惯于黄色肉鸡，而以小麦和大麦为主要谷物的国家习惯于白色肉鸡。然而，精明的市场营销使许多国家出现了与当地生产的原料不符合的各种细分市场。一个实例是在不将玉米用作家禽饲料的国家中出现了用玉米饲喂的鸡。为了满足这类需求，色素被人们有意地添加到产蛋母鸡饲料中，当然也被加入其他家禽的饲料中，以满足不同市场的消费需求。

加入饲料中的色素是玉米黄素和类胡萝卜素等叶黄素，分别会形成橘红色和黄色。为使蛋黄或肉鸡皮肤获得所需的颜色，这两种色素需要按适当的比例添加。叶黄素可以人工合成，也可从天然的资源中获取。黄玉米、万寿菊、苜蓿粉和辣椒都是天然色素的重要来源。

3.4　总结

在商业经营中，一旦启动后按下"Formulate"键不是一个不可逆转的过程。专业的商业营养师会在最终确定一个适合的生产版本之前对一系列的配方迭演（formulation iteration）进行审查。一旦提交到饲料厂，最终产品将生产出。这时候，配方不能再更改。

最终版本的日粮须通过加工过程且在不能影响加工机械或生产流程的情况下进行生产，以生产出均匀一致、含有所需水分、有预期外观和感官的产品。最后，最重要的测试是将饲料饲喂给目标动物后，动物能够获得预期的良好生产性能。

这就是为什么商业性（即有利可图的）饲料配方需要有经验的营养师而不是任何能够操作配方软件并输入原料和价格数据的人的原因。一位商业性营养师曾经对我说过，"在生产 10 万 t 饲料时，没有人不能配制饲料，但最后，你饲养的动物永远不会说谎。"因此，了解原料、了解配方的目标动物和掌握饲料厂的加工要求将使配方工作变得更加容易。当然，事先了解原料的特性和反复验证日粮可以最大限度地减少生产出无效日粮的风险。使用近红外光谱（near-infrared spectroscopy，NIRS）等技术，使预先掌握原料的特性变得更加容易。

总而言之，离开了良好的饲养管理和环境条件，饲料就不能而发挥出其应有的功效。它还依赖于最重要的营养素：水。如果不提供充足的优质饮水，没有任何别的东西将能使动物达到商业上可行的生产性能。

（王乐华、王晶晶译，崔志英、潘雪男校）

4 试验日粮的特征

H. V. MASEY O'NEILL[*]
英联农业有限公司，彼得伯勒，英国

4.1 引言

科学方法最为关键的一个原则就是试验的可重复性（Blow，2014）。考虑到可重复性，已公开发表或已公布的试验方法必须以每一步都能被独立的实验室执行的方式详细说明（见第8章）。详细描述试验日粮同样是必不可少的，因为它很可能会大大影响研究结果，并将会成为动物饲喂试验中任何一个试验处理的依据。此外，明确性不但对研究团队的科学严谨性有重要意义，也是读者完全理解试验和解释试验结果的基础。同样，日粮或原料选择的正确性也必须明晰，我们通常在某项试验研究的构思阶段进行文献综述（Johnson和Bes-selsen，2002）。为了保证研究结果能够最大限度地获得成功，研究人员需要对之前公开发表的文献结果进行讨论分析。同样，想引用这些研究结果的读者也应该明确地了解这些研究与他们自身的"实际生产"情况有多大的相关性。按照这些观点，Hooijmans等（2010）提出了在所有的动物试验研究中都必须包含一个项目清单，以便将来可以进行荟萃分析。关于这方面的内容，读者可直接阅读本章和第5章的相关内容，这两章总结了科学研究中应该包含的所有有价值的属性与特征。

本章的主要目的是讨论设计和描述试验日粮时容易犯的一些潜在错误以及如何最大限度地避免和限制其对试验结果影响的构想，还讨论了记录这些设计信息的重要性。此外，有关试验设计的统计相关的内容已经在第2章中进行了详述，本章不再赘述。

---

* Helen. MaseyONeill@abagri. com

4.2 日粮设计：半合成难题？

当我们在设计一个动物饲喂试验时，例如设计一个检验某个新饲料原料使用效果的试验，我们可能会打算使作为饲料主要成分的基础日粮尽可能"标准"。这是什么意思呢？基础日粮是商业日粮的代表，且使用常用原料（第3章）。当然，这将取决于且也可能受限于试验的实施地点，而且我们必须考虑试验结果在这个前提下的适用性。例如，假如我们要测试一个新的碳水化合物酶产品的使用效果，那么试验结果将最适用于含有我们已经使用的该原料的日粮。如果我们在北美使用当地设计的玉米型日粮进行一项研究，那么该试验的结果对北美最有意义，因为大多数北美的商品日粮是以玉米为主要成分，而北欧的商品日粮是以小麦为基础日粮。然而，我们最大的假设几乎毫无疑问是我们在一个健康且没有受试验日粮和管理措施影响的动物肠道中测试我们的新的饲料原料。有时，我们受试验目的的影响使日粮原料的选择受到限制。在进行氨基酸消化率试验时（将在第5章中详细讨论），我们可能需要待测原料是氨基酸的唯一来源。因此，这会带来一个棘手的问题：日粮的其他部分应该用什么来配制？通常，我们打算利用纯合的原料使日粮的这部分尽可能简单化，在啮齿动物研究模型中这种情况非常多。同时，我们假定这些原料对动物肠道生理的影响完全是"中性的"。然而这些原料往往没有得到很好的检测，并且它们的使用效果也没有被很好地了解。如果可能，有人建议尽量不使用未测试过的原料，或尽量减少使用量。如果必须使用未测试的原料，那么在分析结果时一定要充分考虑其影响。前面所述的这些纯化或者非标准的日粮组分主要是以下4种：糖、淀粉、纤维和非可食性原料。与那些与生俱来的"标准"原料不同，人们会详细描述这些原料中某些需要考虑的特性和意义，并会着重介绍纯化的原料。

4.2.1 糖和淀粉

人们通常认为，在试验日粮中使用某些碳水化合物并无不妥，因为这些碳水化合物或相关的化合物将会存在于常规的谷物和其他原料中。比如，纯化的淀粉和（右旋）葡萄糖在试验日粮中较为常见；生的和/或熟化的淀粉显然是动物日粮中所用的所有谷物的重要成分。我们假设这些淀粉在动物体内会被快速地消化吸收，并为动物提供能量，因此它们本身不会影响我们的试验。然而，我们几乎没有在文献资料中找到这方面的有效证据。实际上，Bell等（1950）和Becker等（1955）都曾经报道了饲喂高水平葡萄糖的猪会出现严重胃肠道问题的证据。Becker等（1955）认为葡萄糖应该在低浓度下使用。虽然这些值得关注的结果发表在著名的期刊上，但这些文献既没有被广泛地引用，也没有后续的研究。Masey O'Neill 等（2014）在最近的一项研究中指出，当通过家禽消化率研究对含有纯化葡萄糖的日粮与更加"标准的"日粮进行比较时，含有纯化葡萄糖的日粮似乎很明显地会影响消化率结果，这表明纯化的葡萄糖会对家禽产生一定的不利影响，这一结论得到了 Liu 等（2014）的支持。他们证明，在以卡诺拉菜粕（非玉米型）为基础日粮的饲料中，半纯化型日粮中磷的全消化道表观消化率（apparent total tract digestibility，ATTD）显著低于"标准"型日粮（低蔗糖和淀粉）中的磷。由于卡诺拉菜粕的磷含量几乎是玉米的 3 倍，达到相同的总磷含量所需的卡诺拉菜粕水平就低很多，导致卡诺拉菜粕型日粮必须使用更高比例的半纯化组分。因此，上述卡诺拉菜粕型日粮得出的异常结果可能与日粮中"惰性"半合成组分有关，而不是来自那些看似有明显潜在问题的纤维和其他抗营养组分。此外，Adeola 和 Ileji（2009）采用析因试验设计，逐渐增加待测原料、半合成及常规日粮的用量，结果显示日粮类型（半合成与常规日粮）和待测原料的用量（干酒糟及其可溶物，distillers dried grains with solubles，DDGS）对代谢能的测定值存在相互作用。这一研究结果非常重要，它表明待测原料的营养价值取决于基础日粮。

　　Kong 和 Adeola（2013）报道含高剂量葡萄糖的日粮会导致动物内源性损失的增加。如果研究的目的是测定消化率，这将会导致低估消化率，这可能是由于葡萄糖对动物小肠上皮细胞的不良刺激所致。Manneewan 和 Yamauchi（2004）发现，与用不含纯化淀粉配制的日粮相比，含有半纯化淀粉的日粮会降低实验动物小肠的绒毛高度，这表明小肠对这两种日粮的反应明显不同。因此，我们在这种测试条件下得出的、将用于常规日粮的消化率数据的有效性是值得怀疑的。此外，"纯化"原料的自身影响也是非常明显的，如 Shastak 等（2014）的研究表明含高水平淀粉的日粮会降低动物的采食量，但磷的沉积率提高。Perryman 等（个人交流）最近的研究结果显示，提高日粮中葡萄糖的水平会导致肠道近端中钛（惰性标记物）的浓度明显升高，这是因为葡萄糖进入肠道后快速溶解和吸收，只剩下极少量的未消化物质稀释惰性标记物或与胃肠道互作。这进一步增加了利用标记法和高水平葡萄糖型日粮测定营养物质在动物消化道中消化率的难度。

　　向动物提供碳水化合物（及其组成单糖）的方式会明显影响血糖反应，这是合乎逻辑的。如果分别以淀粉而不是蔗糖的形式供给大鼠饲喂同等含量的糖，餐后血糖浓度和胰岛素水平会存在巨大差异，这可能会影响动物的采食行为和代谢（Wright 等，1983）。此外，日粮的组成也可能会影响胰腺的分泌。常量营养、微量营养、纤维和日粮的物理形态都会影响胰腺分泌（Corring 等，1989）。淀粉酶的分泌量随日粮中淀粉浓度的增加而增加（Noirot 等，

1981），这可能是淀粉消化率改善的原因。这一点需要加以考虑，特别是当日粮中的淀粉含量不同时。然而，Partridge 等（1982）指出，随着日粮中纯化淀粉含量的升高，淀粉酶和脂肪酶的分泌水平和胰腺的总分泌量都会下降，这表明动物机体对天然淀粉和纯化淀粉的反应不同。这些作者指出矿物质离子分泌水平也会受到影响，这表明高水平的纯化淀粉会影响动物肠腔内的微环境和养分的吸收。

日粮的适口性也可能会受到其所含的纯化糖或淀粉的影响。Mutucumarana 等（2014）报道，当以葡萄糖替代待测原料（玉米或卡诺拉菜粕）时，肉鸡的采食量显著下降，进而导致体重下降。Shastak 等（2014）也有类似报道，他们在以葡萄糖替代待测原料时，半合成日粮处理组出现拒食，同时总体采食量下降。

总之，在考虑使用纯化的碳水化合物（如上述的纯化糖等）作为日粮填充物时，它们的类型（是纯化淀粉抑或是单糖）、添加形式和添加量应该仔细考虑并验证。这种"充填物"一般假定是惰性的，但有明确的证据表明当使用量过大时事实并非如此。如果此类问题能够提前预测到，那么我们应该寻求其他替代物。

4.2.2　纤维

采用非常规饲料原料时最大的顾虑之一就是对动物采食量的影响，这种情况在采用纤维性饲料原料时特别严重且极为棘手，因为采食量的改变会影响动物的消化率和生长性能。

Son 和 Kim（2015）假定磷的消化率将会受到日粮纤维含量的影响，并因此设计了一个采用高水平纯化纤维素的试验。结果显示，猪的采食量、排粪量和粪便中磷的含量随日粮纤维素水平的升高而呈线性增加。或许这是由日粮适口性和食糜在肠道中排空速率的改变引起的。同样，Vander Klis 和 Van Voorst（1993）证实，动物的采食量和体重也会随着日粮中羟甲基纤维素含量的升高而呈显著的线性降低，而饮水量却呈线性增加，即便是羟甲基纤维素的添加量低至 2% 时也是如此。羟甲基纤维素是一种高黏性的纤维，因此可以显著降低食糜在肠道中的排空速度，从而降低动物的采食量。Latshaw（2008）在肉鸡上也得出了相似的结论：提高日粮中总纤维（以苜蓿、粗小麦粉和燕麦的形式）的水平，动物的采食量降低，从而使得代谢能的摄入量减少。然而，纤维的类型和浓度也是至关重要的。

众所周知，纤维具有两面性：可溶性部分在猪和家禽的饲料中具有抗营养特性（Choct，2015），而不可溶性部分则非常有利于家禽肠道的发育。例如，不可溶性纤维可以通过提高食糜的排空速率和采食量（Hetland 等，2004），甚至通过调节肌胃的发育，显著影响动物对营养物质的吸收（Mateo 等，2012）。同样，燕麦壳能够提高肌胃的相对大小及其研磨能力（Jimenez-Moreno 等，2010），这可能是由于燕麦壳在硬度和物理结构方面与纤维素存在差异所导致的，而纤维素结构更加简单，持水力更低，因此，影响也不一样（Jimenez-Moreno 等，2010）。这一日粮组中的大多数纤维类多糖以高浓度的方式存在于谷物的细胞壁中。因此，基础日粮中谷物原料的选择会产生很明显的影响，基础日粮和待测日粮在所含纤维的类型和水平上应该保持一致。Hetland 等（2004）在一篇综述中详细探讨过这个问题，Mateos 等（2012）其他研究人员对此也有综述。

因此，纤维不应被认为是日粮中的惰性成分。如果高纤维饲料原料是日粮中的检测目标或充填物，必须注意的是我们不可能揭示这种饲料原料自身或其所含纤维影响了营养的消化率。为了避免此类问题的发生，我们在直接比较原料时必须使用纤维含量相同的日粮。

4.2.3 非饲料原料和植酸

与纤维一样，使用非饲料原料也可能会影响试验结果。例如，砂石能够显著提高待测原料的真代谢能（Nam 等，1998），其还会产生其他一些有益的作用（Farjo 等，1986）。这些原料显然不是常规商品饲料中的常见组分。然而，Sellers 等（1980）发现，按 50 g/kg 或者更低的水平在日粮中添加各种类型的黏土产品，肉鸡的生产性能几乎没有受到显著的影响。黏土能影响肉鸡的采食量，但对体重和饲料转化效率无影响。虽然采食量会影响消化率，但并没有关于黏土会影响食糜在肠道内排空速率的报道，而这可能恰恰是其改变消化率的机制之一。如上所述，一些坚硬的不可溶性纤维可以作为研磨剂，所以它们并不像过去人们所认识的那样是惰性的。这可能同样适用于其他一些非饲料的填充物。

当开展一个消化率试验时，待测原料通常会以较高水平的方式加入日粮配方中，有时会高于其在"标准"日粮中的使用水平。多种原因可能会导致试验结果发生偏离，比起待测原料自身固有的可能会影响所得结果的抗营养因子毫无逊色。以水溶性非淀粉多糖（non-starch polysaccharides，NSPs）为例，NSPs 能够增加食糜的黏性和粪便的水分含量，同时能降低养分的消化率（Choct 和 Annison，1992）。基于以上原因，在消化率测定试验中，小麦在日粮中的使用量不能超过 750 g/kg。这就产生了一个问题，即在试验日粮中使用非淀粉多糖酶是否合理（非淀粉多糖酶不是待测原料）。这要从两个方面讨论：在世界的某些地方，酶被广泛地用于动物日粮中，用不含相应酶制剂的基础日粮检测一种新型的饲料原料是不符合常规的；相反，如果是比较不同品种的谷物原料，使用酶制剂则会掩盖它们之间的差异。此外，如果待测原料的作用机制与酶的作用机理很可能存在部分相同的情况（例如抗菌剂和非淀粉多糖降解酶），酶的使用会影响研究结果吗？在这种情况下应该进行析因试验来检测添加和不添加酶制剂时待测原料的抗菌效果。

植酸也会引发相同的问题，因为众所周知它是一种黏膜刺激物。当以植物性原料作为填充剂时，就可能会产生问题。Liu 和 Ru（2010）的研究结果表明，向日粮添加高水平的外源性植酸会增加氨基酸的内源性损失，因此将会降低这些氨基酸的表观消化率。这种状况在使用植酸酶后可得到改善，并且这在此类消化率试验中应该加以考虑。然而，在测定动物生长性能的试验中，就会产生与非淀粉多糖酶一样的问题。下结论时要考虑试验日粮是否添加了植酸酶。

当然，半合成日粮的基础配方也含有其他成分，如益生元（外源添加或其他原料的固有成分）、益生菌、诱食剂、抗球虫药、霉菌毒素吸附剂或颗粒黏结剂。这些物质在试验中的影响应慎重考虑，尤其是当它们在试验日粮中的浓度不同时。上述这些物质之间大都存在相互作用。例如，益生元、抗球虫药和益生菌都以相同的机理发生作用（调控肠道微生物菌群组成）。所以当从商业角度解读试验结果时，我们要考虑待测日粮中是否存在这些添加剂。

在某些情况下，使用这些原料是不可避免的。然而，它们的使用和用量一定要认真考虑，以确保我们可以对对照日粮与试验日粮进行富有意义的比较。当然，获得的任何试验结果都要充分考虑其使用的具体环境，而且有必要对充填试验日粮的替代物进行详细研究。此外，在与已发表的原料营养价值相比较时，一定要考虑原料使用的方法和日粮类型。

4.3 日粮设计：描述待测原料和适宜的基础日粮

为了与已设计好的基础日粮更好地联合使用，重要的是要考虑待测原料的添加方式或对日粮所做的调整。下面列举两个例子来说明这些问题：①比较一种酶（或其他添加剂）和对照组相比的添加效果的试验设计；②比较两种不同的酶（或其他添加剂）添加效果的试验设计。此外，日粮的加工方式和类型也是要重点考虑的方面，这将在第 3 章中讨论。

4.3.1 比较一种添加剂与对照组相比的添加效果的试验设计

在检验一种添加剂（如一种饲用酶制剂）的使用效果时，至少要设置一组不添加此添加剂的对照组。在动物试验中，很多固有因素如实验动物的遗传背景、年龄、环境等都会影响试验结果，重要的是我们要将这些因素的影响降至最低很重要。通常情况下，我们可以用一个没有添加剂而其他参数与试验组相同的对照组来设计我们的试验。简而言之，我们设计一个基础日粮，对照组与处理组的区别仅仅是添加该添加剂（如酶制剂）。然而，在生产中，向基础日粮中添加酶也就意味着以损失基础日粮部分组分为代价。因此，我们可以认为该对照组已经不是真正意义上的对照组，因为它至少已经发生了两项变化：第一，去除了一部分基础日粮组分；第二，增加了添加剂。就对照组与处理组之间的差异来说，如何确定影响试验效果的真正原因？在大多数情况下，我们一般忽略基础日粮的饲料组成结构的变化，因为添加剂的添加比例一般很小以致去除的其他组分可以忽略不计。比如，就以酶制剂来说，添加量可能仅为0.01％，属于生产加工过程允许的正常误差范围。然而，在这种情况下，明智的做法是牺牲日粮中的主要原料如谷物而不是对照日粮中所用的"充填物"（随后将试验组日粮中的填充物换成待测原料），以避免出现上述问题。

在某些情况下，我们很可能会在试验中设置两个对照组：一个是正对照组（positive control，PC），这可能会被认为是动物在试验实施期间最适合的日粮；另一个是负对照组（negative control，NC），它是去掉了添加剂预期能够释放的营养组分的日粮。因此，负对照组动物的生产性能预期要显著低于正对照组，而添加了添加剂的负对照组（即处理组，校者注）的动物生产性能预期能够恢复到正对照组动物的水平。在设置负对照组时，我们可能会对日粮进行一个根本性的改变。当这种改变可能被证明是合理的时，它会影响试验结果的解读吗？例如，假设某种酶制剂具有可以提高日粮的能量利用率，且推荐将其用于能量轻度缺乏的日粮中。为了评估该酶的添加效果，我们需要设置一个含有标准能量水平的日粮，并将其设为正对照组；同时设置一个能量水平较低的日粮，并将其作为负对照组。我们准备做以下几点：①通过对比正对照和负对照，验证降低能量水平会对试验的结果（如生长性能）产生负面影响；②（通过将处理组分别与负对照和正对照进行对比）评估该酶制剂是否能够补偿能量不足造成的损失。

然而，这里又引出一个重要问题，即如何降低配方中的能量水平。要实现此目的有多种不同方式可以选择。我们假定添加酶后获得的能量与向正对照日粮中添加的饲料原料所产生的能量相等。实际情况往往并非如此。例如，我们从配方中去除脂肪原料以配制负对照日粮，因为从能量浓度的角度来说，替换脂肪对日粮配方的原料组成影响最小。然而，脂肪除了能够提供能量外，它还具有有益于动物生长的特性，如能改善饲料的物理性质和改变食糜在肠道的排空速率。因此，在将处理组与正对照组比较时，我们要考虑这种酶是否能够补偿上述这两种供能：去除脂肪和减掉能量。通常，我们通过析因试验设计来减少这些干扰，即在正对照和负对照基础日粮中都添加酶制剂。如果酶的作用不能将动物的生长性能恢复到正对照组动物的水平，我们可得出以下两个结论：①该酶不能有效弥补减掉的能量；②该酶不能替代脂肪。我们可考虑用其他方式配制负对照日粮来充分探讨这个问题。例如，Masey O'Neill 等（2012）报道，在试验中设置两种能量水平均比正对照组低 100 kcal* 的负对照日粮，其中一种日粮利用脂肪使它的能量水平与正对照日粮保持在同等水平，同时用纤维来稀释能量浓度；另一种日粮则除去相应的脂肪。如上所述，提高日粮的纤维水平或使用纯化原料如羟甲基纤维素可以降低日粮的能量水平，但同时也可能改变日粮对消化道的作用。我们必须要确保添加的纤维不能超过临界浓度（这取决于纤维的类型），因为一旦超过临界点，添加纤维的作用将不仅是降低日粮的能量水平。

除了上述酶产品的例子，我们还可以设计一个更为直接的饲喂试验来测试一种新原料的使用效果。在这种情况下，我们需要用待测原料替换负对照中更大比例的组分，替换比例可能是总日粮组成的 5% 或 10%，甚至更高。此时，我们从根本上改变了日粮组成，负对照组与处理组的比较不仅是简单地评估待测原料的使用效果，还要考虑负对照组中去除组分的影响？当我们考虑替换这种会对食糜排空速率、胃肠道环境和饱腹感产生显著影响的日粮成分（如脂肪、纤维和蛋白）时，这尤为重要。

4.3.2　比较两种不同添加剂产品效果的试验设计

我们可以进行的对比试验主要有两种类型，现以如下两种情景来介绍：第一种是比较功能相同或相近的两种产品，如两种由不同配方组成的但属于同一类型的酶制剂产品（分别标为 A1 和 A2）；第二种是比较截然不同的两种产品（分别以 A 和 B 区分）。

首先讨论第一种对比试验，如在化学组成上具有相同属性且通过相同的作用机制发挥作用的一类产品。在这种情况下，试验日粮的配方一旦确定，试验设计相对比较简单。我们可能会提出"这两种相似的产品对动物生产性能具有同等的效果吗？"这样的问题。对于直接的对比，这两种（或多种）待测产品应该加入相同的基础日粮中。它们的添加量也应该类似，并且添加量应该在试验报告的方法部分明确说明。如果产品 A1 的添加量是每千克饲料 10 000U，那么产品 A2 的添加量也应该一致。同时，这两种产品的添加单位也要进行详细说明，并且应当一致，以保证两种产品是等量添加。另外，我们也应该提供试验日粮中添加物的检出水平，一些专业杂志现在需要这些信息。例如，*Poultry Science*（《家禽科学》杂志）（2015）要求作者在论文中提供对试验非

---

* cal 为非法定计量单位，1cal 等于 4.184J。——编者注

常重要的饲料原料的分析值。如果待测原料是一种酶制剂，那么作者应该提供该酶制剂在日粮中的检出活性。此外，作者还应提供产品的全部化学信息说明，如产品类型、分类和单位定义。如果添加量不能够完全匹配，则必须在试验报告的方法部分进行说明，或者更换为第二种对比方法进行试验。在这种情况下，如果产品 A1 的效果较好，我们可以得出结论：在添加量一致的基础上 A1 的效果优于 A2，同时阐释得出这个结论的背后原理。简言之，我们应尽可能在同等剂量的基础上对两种酶产品的活性成分进行比较。

　　第二种对比试验较为复杂，且需要我们解答的试验问题也不同。第一种对比试验是一种简单的试验且所得的结果容易解释，第二种对比试验会引导我们提出更为宽泛的研究问题：与产品 B 相比，产品 A 是否会带来不同的试验效果？这样的问题更模糊——具体取决于产品的特性，同时可能难以解释。比如产品 A 是一种纯化的酶制剂，只含有一种化学活性成分，而产品 B 含有多种活性成分。当这两种产品是商业化的产品时，这样的对比试验非常有意义，也是市场所需要的。如果产品 A 的使用效果优于产品 B，我们也只能说从整体上来讲产品 A 优于产品 B，但不能对产品内部的酶活性做出判断。也许产品 A 在配方组成上与产品 B 完全不同，我们只能说，在当前的添加量和试验条件下，产品 A 效果优于产品 B，这就足够了。如果两种产品的营养价值和活性成分相近，为了便于对比，只要可能，我们应该尽量控制二者的添加量使之相近；或者，如果添加剂量相差较大，我们也应该明确说明。例如，复合产品中的所有活性成分都必须清晰说明，而且还要报告待测产品在试验日粮中的检出活性。我们有充分的理由需要进行这种类型的比较试验，但是当我们没有进行同等条件的比较时，在根据产品的化学特性得出结论时我们则必须谨慎。比如，一个非常能说明问题的试验是比较一系列的不同产品，每一个产品都按照供应商的推荐添加量使用。然而，我们不能对产品本身的功效和机理做任何先入为主的推断。如果我们想要得出产品 A 优于产品 B 的结论，那么我们一定要完成一个完全析因试验说明效果好的程度和原因。例如，如果产品 A 是纯化的产品，而产品 B 含有三种不同的活性成分，我们需要比较产品 A 与产品 B 中每一种活性成分以及所有三种活性成分的组合的效果差异。这样我们才能确定产品 B 中的哪种活性成分在发挥作用。如果产品 B 的主要成分与产品 A 相同，我们只有通过析因设计试验才能进一步了解产品 B 中其他两种活性成分的附加作用。此外，我们还需要注意平衡两种产品活性成分的正常含量，以确保产品 A 与产品 B 之间的差异并不是这两种产品中活性成分的剂量不同引起的。

　　当我们想研究两种不同类型的产品以及二者之间是如何相互作用时，上述问题也会凸显出来。比如我们有一个抗菌产品 C，如果想研究产品 A 与产品 C

的组合效果，我们必须要测试这两种产品单独和组合使用时的效果（相同的剂量）。假设一个研究测试产品 A 和产品 A＋产品 C 组合的效果，结果显示产品 A＋产品 C 组合的效果比较好。我们也不能得出结论组合产品本身的效果好，它也可能仅仅是添加了产品 C 后产生的效果。或者如果提高产品 A 的剂量会产生更好的效果。在全因子试验中，每个产品设置多个添加量可能更有意义。但是，这些试验的结果仍然无法告诉我们效果好的程度和原因。

虽然，这些是检测酶制剂产品使用效果的实例，在已发表的关于非反刍动物试验的文献中有成千上万篇类似的案例，但它们对任何化学活性添加剂如氨基酸及其类似物、益生菌、益生元、酵母细胞壁产物和抗菌产品都有参考意义。

总而言之，不管使用哪种添加剂，我们都应该清楚它的本质并且提供足够的信息使试验能够被重复。在设计的试验中，我们要明确我们能够解决的问题和要得出的结论。

4.4 小结

上述讨论强调了在设计动物饲喂试验时易犯的潜在错误和需要着重考虑的问题。如上所述，正确地报告试验的设计和日粮的组成能够避免许多问题，同时能够让读者彻底理解试验数据并在有必要时能够重复试验。此外，我们还建议尽可能多地提供试验日粮的分析值。我们必须提供整个日粮的钙、磷、总能和赖氨酸的分析值和计算值。这些参数能够帮助我们解决上述的一些问题。当然，《家禽科学》杂志要求，（当不能满足 NRC 标准时）作者应该提供试验日粮的粗蛋白和代谢能值，以及产蛋母鸡日粮中的磷和钙的含量。有趣的是，该期刊还要求作者提供不同添加水平下待测原料的分析报告（*Poultry Science*，2015）。Hooijmans 等（2010）提出，作为日粮设计的一部分，应清晰描述动物的饮水供应状况。在我们的经验中，这些细节往往被忽略。

（周琳译，刘莹、潘军、敖志刚、潘雪男校）

5 营养物质及营养价值的测定

M. CHOCT[*]

新英格兰大学，阿米德尔，澳大利亚

5.1 引言

随着越来越多的信息需要加工整理，必须以简洁且有意义的方式来展示自己的研究成果是至关重要的。在科学写作上，简洁胜于长篇大论，一丝不苟的技术术语胜于藻华的修饰。我们所说的简洁且有意义不仅仅指写作，而且还包括对整个试验方案的设计和假设的验证。需要采取何种测定方法是基于整个前提性假设来进行的。研究人员通常易犯的错误是：根据自己实验室的设备条件来进行测定，或采用同一领域中的其他常用测定方法。有一位研究人员曾经告诉我："这样的研究如同一个盲人将一块石头扔进大海却希望能够砸到一条鱼一样"。这种做法使得报告文稿充斥着缺乏总体假设的不相干的测定方法，导致出现无关的讨论，并得出误导性的结论。因此，首先必须要考虑的是你的假设是什么，然后找到工具来验证它。此处所说的工具是指进行测定所需要的方法和设备。

本章将主要讨论评估方法中需要再三斟酌的测定范畴，主要包括两部分内容：体外测定和体内测定。

5.2 体外测定

众所周知，完美的测定方法都挽救不了一个糟糕的设计，同样一个不恰当的测定方法也很容易毁掉一个优秀的设计。数据以及研究的质量，在很大程度上取决于你对每一次测定的精心准备和操作。

若营养研究仍停留在采食量和体重分析上，而不做实验室的分析（体外测定），这对营养学的发展没有任何推动作用。因此，实验室分析（体外营养成分

[*] mchoct@une.edu.au

分析）在营养研究上是非常重要的。事实上，动物生产行业面临的挑战越来越复杂，营养研究越来越需要采用跨学科、多管齐下的方法找到问题的解决方案。这意味着传统的营养实验室将不再能够满足未来营养试验的需要。此外，未来的营养研究在一定程度上会依靠新兴技术，如高通量测序和光谱技术。在本书中，重点将放在如何正确使用传统的营养研究方法，但是这部分并不打算把所有在 AOAC 国标（AOAC 国际，2000）中标注的营养检测方法罗列一遍，而主要强调的是一些与动物营养试验相关的分析方法所存在的缺陷以及和一些分析相关的问题。若需要了解更加全面的内容，请参阅《动物营养研究试验步骤》（*Laboratory Procedures in Animal Nutrition Research*）（Galycan，2010）。

5.2.1 饲料原料营养成分分析

自从德国 Weende 试验站在 19 世纪中期公布了他们的近似分析方法（proximate analyses）后，饲料原料的基本营养成分分析就一直被广泛应用。近似成分分析的内容包括干物质、灰分、粗脂肪（通常指乙醚提取物）、粗蛋白和粗纤维的含量。将所有这些能测定的营养成分相加，再用 100 减去相加后的总和，剩下的就是无氮浸出物（nitrogen‐free extract，NFE）的含量。谷物中的无氮浸出物一般是指淀粉、单糖、双糖和低聚糖，尽管这种方法有许多缺点，但在过去的 150 年中，该分析方法对营养研究所取得的进展起到了极其重要的作用。然而，随着技术的发展和营养知识的深化，我们现在可以理解近似成分分析方法存在许多不足之处。

5.2.1.1 水分

干物质或者水分测定，也许是所有营养测定中最为基础的部分。干物质测定的准确性对于精准测定饲料中其他营养物质是极其重要的。因为原料中的所有营养成分都是以相对干物质含量来表示。初听起来水分测定很简单，即从给定重量的样品中将水分经干燥去除，然后称量剩余物。然而，在现实中其实较为复杂，这主要是由于饲料原料的类型不同，从而需要我们采用恰当的处理方式以得到精准的水分含量。例如，湿软的、半湿的、高湿的饲料原料以及含有挥发性物质的原料，在测定它们的干物质含量时需要不同的测定方法。再例如，利用烘干干燥炉或冷冻干燥机测定猪和家禽干粪的水分，这两种方法造成的氮损失会有很大的差异，更别说一些可挥发性物质（Jacobs，2011）。

5.2.1.2 矿物质

有机物在高温下燃烧，随后测定剩余部分，这是测定饲料原料中矿物质总含量的一种最简单的办法，称为灰化法。在某些情况下，如果样品中高水平的水分和脂肪未进行合理的预处理，这种测定法会产生很大误差。高水分的样品应该先进行干燥处理，高脂肪的样品应该先用溶剂进行萃取，然后再采用灰化法。灼烧未经过脂肪萃取的高脂肪样品，会导致样品剧烈燃烧，并因样品的逸出而导致矿物质损失。灰分中的单个元素通常用采用电感耦合等离子体（inductively coupled plasma，ICP）和原子吸收分光光度法来进行测定。

5.2.1.3 油脂

粗脂肪测定可以产生可溶于非极性溶剂（如乙醚）的混合物，而不是脂质中独特的化学物质。饲料配方模型需要一个"脂肪值"（对产蛋鸡很重要），因为脂肪可提供亚油酸和较高的能量水平。然而，由于脂肪的营养功能依赖于其所含的脂肪酸种类，所以作为营养研究的一个工具，粗脂肪分析法所起的作用非常有限。如短、中、长链脂肪酸分别起着不同的作用，饱和与不饱和脂肪酸具有非常不同的营养特性，包括对单胃动物饲料的能量贡献率。因此，在分析饲料的脂肪含量时，正确测定脂肪中的各类脂肪酸的组成是十分必要的。脂肪酸的测定是极其复杂的，因为每一种脂肪酸需要采用单独的分析方法方能进行测定：①挥发性脂肪酸（AOAC 969.33）；②中链和长链脂肪酸（Outen 等，1976）。当然，可供选择的脂肪酸分析方法有许多种，这里列出的参考方法仅仅是基于个人的经验。

5.2.1.4 粗蛋白

动物营养研究并不真正需要对粗蛋白进行分析，因为今天的饲料配方只需要原料的氨基酸组成。然而，在许多国家中，政府颁布的法规和政策仍然习惯地规定了饲料贸易中原材料的粗蛋白含量。在成分分析方法中，粗蛋白测定法是首先被建立起来的，但从那时起到现在并没有太大的变化。粗蛋白测定是基于饲料原料中氮的含量，测定值再乘以系数 6.25 就得到蛋白质的含量。6.25 这个系数是从饲料原料中许多不同蛋白质的平均氮含量上获得的，其含量为 16%（1/0.16＝6.25）。这种方法存在许多问题：首先，饲料中的氮并非全部来自蛋白质，也存在大量的非蛋白氮源，如游离氨基酸、核苷酸、肌酸和胆碱；其次，并非所有的蛋白质都含有 16% 的氮，而且氮含量上的一个小小误差在换算成粗蛋白含量时将会出现非常大的误差。表 5-1 列出了蛋白质及其氮含量。

表 5-1　猪和家禽饲料配方中常用饲料原料的氮含量转化成蛋白质含量的系数

（Jones，1931）

组成	系数	组成	系数
玉米	6.25	大豆	5.71
小麦	5.83	肉	6.25
高粱	6.25	牛奶	6.38
大麦	5.83	鸡蛋	6.25

（续）

组成	系数	组成	系数
黑麦	5.83	豌豆	6.25
燕麦	5.83	棉籽	5.30
大米	5.95	向日葵籽	5.30
小米	5.83	花生	5.46

许多研究对这一课题进行了探讨，不同原料的氮与蛋白质的转化系数有一些微小的差异。因此，这个例子使研究人员注意到 6.25 的平均系数并不适用于许多饲料原料。在计算粗蛋白质含量时，不同的原料应采用其对应的转化系数。

毫无疑问，蛋白质营养实际上是氨基酸营养。因此，测定饲料原料的氨基酸含量对单胃动物的营养研究是非常重要的。目前已有许多行之有效的方法可用于测定饲料中所有氨基酸的含量。

5.2.1.5 粗纤维

在动物营养方面，纤维可能是最模糊和定义最不明确的营养成分。这是因为用于描述纤维的术语有很多，但实际上这些术语中的许多术语是指同一个化学物的不定的比例，这取决于它们的提取方法。在所有术语中，粗纤维可能是一个使用最久的术语。在猪和家禽的营养研究中，粗纤维几乎没有价值，或毫无价值。下一节将详细讨论纤维和碳水化合物。

5.2.2 饲料中的粗纤维和碳水化合物

5.2.2.1 粗纤维

粗纤维（crude fibre，CF）是指饲料中不溶于热的稀硫酸和氢氧化钠溶液中的有机残留物（Henneberg 和 Stohmann，1859）。Choct（2015）通过测定小麦、高粱和大豆中的主要营养物价值，指出了粗纤维测定系统的不足之处。如表 5 - 2 所示，小麦的各个营养成分加起来的总和仅为 92%，高粱为 93%，豆粕为 70%。这就引出了一个问题："缺少的营养物质是什么？"

表 5 - 2　小麦、高粱和豆粕中未计入的粗纤维含量

营养物（%）	小麦	高粱	豆粕
蛋白质	13	9	47
淀粉	60	65	1
脂肪	2	3	1
粗纤维	3	2	5

（续）

营养物（%）	小麦	高粱	豆粕
水	12	12	10
灰分	2	2	6
共计	92	93	70
其他	10	7	24

大体上说，缺失的营养物质是粗纤维测定方法中不能检测到的纤维成分。缺失的纤维几乎完全由非淀粉多糖（non-starch polysaccharides，NSPs）组成，因为粗纤维或多或少代表了饲料原料中的纤维素和木质素成分。"或多或少"这个描述很重要，这是因为提取的纤维素和较小程度上包括的木质素，它们的比例因饲料原料的不同而会有很大的不同。一些酯化木聚糖或其他中性多糖可能残留在粗纤维中，残留多少同样取决于样本的来源。因此，不可能以NSP 的比例来计算所有植物性饲料原料的粗纤维含量。

5.2.2.2 洗涤纤维

与粗纤维测定相关的问题在 20 世纪 60 年代初已引起关注。Van Soest 在 1963 年提议将饲料中的洗涤纤维分为酸性洗涤纤维（acid detergent fibre，ADF）和中性洗涤纤维（neutral detergent fibre，NDF）。这对粗纤维的研究是一个重大进步，但是，这种方法的可靠性仍取决于萃取工艺，并不会产生不同的化学物质。由于酸性洗涤纤维和中性洗涤纤维不能诠释饲料中存在的可溶性非淀粉多糖（non-starch polysaccharides，NSPs），那么酸性洗涤纤维和中性洗涤纤维实际代表的价值是什么呢？ADF 涵盖了大部分的纤维素和木质素，而 NDF 主要包含纤维素、木质素和各种不溶性非纤维聚合物，如不溶性的木聚糖、甘露聚糖和果胶多糖。从 ADF 和 NDF 共同成分来看，这两者都含纤维素和木质素，所以可以用估算值来得到半纤维素含量的数值：

$$NDF-ADF=半纤维素$$

这同时提出了一个问题，因为并不存在一个叫半纤维素的分子。半纤维素这个词出现在 19 世纪末期，Schulze（1891）认为溶于碱的植物细胞壁成分是纤维素的前体，目前认为这种说法并不正确。这些碱溶性组分包括阿拉伯木聚糖、β-葡聚糖聚合物、木聚糖、甘露聚糖、半乳甘露聚糖、半乳糖、阿拉伯聚糖和其他纤维素以外的中性多糖。遗憾的是，通过从 NDF 中减去 ADF 计算而获得的半纤维数值，并不能真正代表植物细胞壁碱溶性组分真正的数值。这是因为正如前面提到那样：中性洗涤纤维不能反映样本中可溶性非淀粉多糖（non-starch polysaccharides，NSPs）的情况。

5.2.2.3 日粮纤维

从单胃动物的营养利用角度来看，日粮纤维（dietary fibre，DF）代表的是 NSPs 和木质素的总和，其中木质素是一种多酚类化合物。现有两种成熟的方法可测定 DF：一个由 AOAC 提供的一系列总日粮纤维酶-重量法（方法 985.20；993.19；991.42；991.43；992.16），总日粮分析法利用酶降解细胞壁外的有机质，然后用失重法测定残留物来校正灰分含量；另一个方法是 Uppsala 法，通过将每个糖残基转化成乙醇酸酯，并用气相色谱仪对它们进行测定来量化每个单独的糖残基（Theander 等，1995）。木质素和糖醛酸可以利用该方法分别进行测定。Uppsala 法有很多优点，如能分离出日粮纤维中各种单糖组分并推导出某个饲料原料中存在的多糖类型；同时也能根据 NSPs 在水中的不同溶解性而加以分离（当然其他方法如酶-重量法也有这个功能）。

了解 CF、ADF、NDF 和 NSP 之间的相互关系非常重要。表 5-3 提供了猪和家禽日粮中玉米、小麦和大豆这三种重要的植物性饲料原料的相关纤维成分及它们之间的关系。

表 5-3　玉米、小麦、豆粕成分（按占干物质的百分比统计：%DM）

（Graham 和 Åman，2014）

成分分析值（% DM）	玉米	小麦	豆粕
灰分	1.4	1.7	6.6
粗蛋白	9.1	11.0	53.3
粗脂肪	4.6	2.4	2.8
糖	2.6	3.5	3.5
低聚糖	0.3	0.2	5.3
果聚糖	0.6	1.8	0.9
淀粉	69.0	66.5	0.0
粗纤维	2.3	2.5	4.2
酸性洗涤纤维	2.5	3.4	4.9
中性洗涤纤维	9.2	10.0	8.4
非淀粉多糖+木质素	10.0	11.0	20.8

从这个特定的例子中，我们可以清楚地看出，CF 数值占这些饲料原料中总纤维的一个极小的比例。另一方面，由于玉米和小麦等谷物类原料不含或含很少的果胶多糖，因此，它们的 NDF 和 NSPs 含量接近。而对豆粕而言，因为果胶多糖中富含植物蛋白源，所以其 NDF 值不到非淀粉多糖的一半。

5.2.2.4　淀粉和其他碳水化合物

◆ *淀粉*

淀粉是猪和家禽日粮最重要的能量来源，因为其占了谷物中干物质的60%～70%。淀粉具有直链淀粉和支链淀粉两种分子结构。直链淀粉是一个线性结构，其中葡萄糖单元以 α（1→4）葡萄苷键连接而成，在常规饲料成分中其在淀粉中的比例为 20%～25%。支链淀粉是由 α（1→4）和 α（1→6）糖苷键形成的支链葡聚糖，每 24～30 个葡萄糖单位中会有一个 α（1→6）糖苷键。

然而，淀粉的这些理化性质非常复杂，且受到许多因素的影响（BeMiller 和 Whistler，2009）。这些影响因素包括植物来源、收割条件、地理位置、存储和加工工艺。这些因素也会影响淀粉在单胃动物中的营养价值，如形成抗性淀粉、改变直链与支链淀粉的比率、影响消化率等。目前有两种方法可以分析饲料中的淀粉含量：一种是分析总淀粉含量，另一种是分析抗性淀粉含量。采用 AOAC 996.11 总淀粉测定法操作较为简单，且适用于所有情况。同样采用 AOAC 2002.02 抗性淀粉测定也是可行的。

◆ *低分子量碳水化合物*

在这里，低分子量碳水化合物这一术语是用来泛指 NSP 和淀粉之外的其他碳水化合物（图 5-1）。这类碳水化合物有很多术语，有些表述还很不清晰，如单糖和双糖有时被称为糖，而寡糖和菊粉等通常被称为益生元。"可利用碳水化合物"这个术语被用于人类营养，有时也用于猪营养。"可利用碳水化合物"最初是指人营养上的淀粉和可溶性糖，后来被应用于猪营养上，指可被消化的碳水化合物。如果纯粹从研究的角度来看，这个术语不推荐在动物营养上使用。

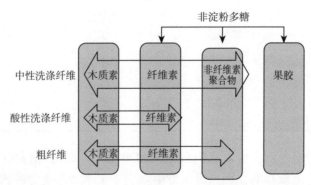

图 5-1　粗纤维（CF）、中性洗涤剂纤维（NDF）、酸洗涤剂纤维（ADF）和
非淀粉多糖（NSPs）之间的重叠和相互关系

在常规的饲料原料中，低分子量碳水化合物包括单糖、双糖、低聚糖和短

链碳水化合物如菊粉。除了单胃动物饲料原料中自然存在的低分子量碳水化合物外，还有其他许多类似的碳水化合物，它们可作为益生元用于猪和家禽饲料中，如菊粉是由 20～60 个糖单元构成的功能糖，它广泛存在于自然界中，在菊苣和菊芋等植物中含量非常高。

测定单糖、双糖、低聚糖和其他低分子量碳水化合物的方法有很多种。例如，Steegmans（2004）用酶和分光光度结合的方法来测定葡萄糖、果糖、蔗糖和菊粉。

在组分分析系统（proximate analysis system）中，淀粉和有些低分子量碳水化合物被称作为无氮浸出物（nitrogen-free extract，NFE），并定义如下：

$$NFE = 100 - （粗蛋白＋醚提取物＋灰分＋粗纤维＋水）$$

在谷物和块茎如木薯和马铃薯等饲料原料中，NFE 主要由淀粉构成，然而在一些植物蛋白原料如豆粕、菜籽粕、羽扇豆和葵花籽粕中，NFE 主要由除纤维素和游离糖之外的 NSPs 组成。

当饲料中碳水化合物可以明确区分出淀粉、NSPs 和其他碳水化合物成分时，NFE 就是一个毫无意义，甚至是多余的指标。

5.2.3　总结

恰当分析的第一步是从细致的样品收集、样品制备及了解待测样品的特性开始的。第二步是找到最合适的方法来测定样品的营养成分。第三步，试验人员需要使用分析设备，并熟悉它们的操作方法。样品分析的成败往往取决于最后一步，因为不是所有的实验室都有合适的设备和训练有素的试验操作员。研究人员的职责是决定其试验最合适的分析方法以及自己的实验室是否可以完成。理想的分析方法对饲料原料的定性并回答研究假设提出的问题至关重要。

只测定那些你实验室的仪器设备可以分析的营养成分，或者仅仅使用那些很易于操作的测定方法，并不是验证新思路的最好办法。

5.3　确定饲料原料的营养价值

虽然实验室分析可以测定某一饲料原料的"营养成分"，但并不能测出它的"营养价值"。这是因为营养价值反映了动物在给定环境条件下如何利用其所含的营养物质，且忽略了某些原料中存在的抗营养物质的作用。研究原料与采食它的动物之间的相互作用是有价值的。饲料原料营养价值最常用的测定方法是：测定营养物质或能量的消化率。从理论上讲，所有营养物质的消化率都能被测定出来。营养物质或能量消化率的测定方法有 4 种：①体内技术，即动物试验；②体外技术；③预测方程；④光谱技术，如近红外光谱（near infrared spectroscopy，NIRS）和拉曼光谱。

最可信的方法是体内技术，即用需要研究的营养物质饲喂实验动物。然而，这种方法操作枯燥，且成本昂贵，并且很可能不适用于某些营养物质。因此，在一些情况下，体外技术可能更适合于测定消化率。体外技术在实验室条件下模拟动物消化道的生理条件。然而，体外技术仅在某些情况下才能很好地发挥作用，并且在设定条件下它们的应用仅限于少数营养物质。因此，第三种方法即预测方程式有时更适合。预测方程可以基于饲料原料的物理特性、化学组成或营养价值来设定。第四种方法是基于使用光谱技术，也使用体内的动物试验数据对其进行校准，以测定很多化学成分及其对不同动物的营养价值。举例来说，NIRS 中包含的营养物质及其营养价值的范围正在以非常快的速度普及，因为光谱技术的测定速度和准确度都随着时间的推移而提高。

5.3.1　体内动物试验

测定营养物质消化率是单胃动物营养最基础的研究之一。原因很简单：饲料构成了世界各地猪和家禽生产的最大成本，营养消化率的稍微提高都有可能降低生产成本。

本文介绍的消化率试验将包括营养物质和能量的消化。对于能量消化率来说，家禽试验将选择"代谢能"，因为家禽的尿液和粪便是一起排泄的，因此便于测定代谢能（metabolizable energy，ME）而非用于猪的消化能（digestable energy，DE）。

动物营养研究非常耗时，成本昂贵，且可能还会涉及伦理学的问题。试验的成本取决于样本量。然而，动物试验如果没有合适的样本量、合理的重复以及达到动物健康和福利的最低要求，不仅浪费资源，而且有可能会产生误导性结论。合理的设计试验需要对组成日粮的饲料原料进行定性，还要有统计学方面的考虑。关于统计学方面的内容，本书的第 2 章将进行介绍。

此外，为了使动物试验取得成功，还必须考虑一些常见的状况。其中许多状况涉及动物护理和饲养管理，这些都会在所计划使用动物的管理手册中清楚地列出。因此，本节仅仅就猪或家禽营养评定试验所需要的相关基础知识进行说明。

5.3.1.1　预试验的准备

◆ 实验动物的质量要求

为了最大限度地减少影响均匀性的因素，选用的实验动物应该是健康的，并且来自相近日龄（家禽）或胎次（猪）的同一个种群的动物。最好能避免使用来自年轻母鸡所产的小鸡或来自第一胎母猪分娩的仔猪，但这不是每次都能做到。总之，挑选动物的原则是使实验动物具有相同的体重和良好的免疫状态，这样动物能够消耗足够量的试验日粮。

◆ 运输

许多研究机构没有昂贵的繁育设施。这意味着实验动物往往是幼龄动物，必须从一个地方转运到另一个地方。实验动物的转运过程需要考虑空气质量、温度及整体舒适度，以给其周全的呵护。动物圈舍与车辆之间的过渡也要考虑到具体细节，因为在炎热的天气下，幼龄动物很容易脱水，同样在寒冷的时候也容易受凉。在装载、运输和卸载过程中引起的应激也会持续影响实验动物，反过来又会影响试验的精确度。

◆ 饲养与管理

当动物进入试验实施时，研究人员必须遵循实验动物专用的管理指南，包括通风、温度、光照、动物密度、地板舒适度和水质。

◆ 饲料

饲料形态会影响猪和家禽的采食量。对于家禽来说，饲料的形态还会改变嗉囊和肌胃的储存量，以及食糜在小肠中的运动速度（Svihus 和 Hetland，2001），进而会影响营养物质的消化率。因此，在预试期和采样期（即试验期），提供的饲料状态必须是相同的。

5.3.1.2　体内试验的类型

用动物进行消化率试验的方法包括：①全收集法，收集一段时间内实验动物的采食量及其排出的全部粪便，并进行测定；②回肠消化率测定法，此方法要求在饲料中添加一种测定消化率的标记物，并采集有代表性的食糜样品；样品可以从回肠（也可从小肠的其他部位）取样，或通过屠宰实验动物（通常为家禽）或通过回肠插管（通常为猪）来采集。营养物质的消化率测试，如氨基酸，很少采用全收粪法，因为它会受到内源性分泌物和后肠微生物活动的影响。另外，还有其他一些测定技术，如在家禽上的快速代谢能生物测定法。此方法主要采用给动物强制饲喂已知量的饲料，然后采集其一定数量的粪便；然而，因为测定结果不准确，同时基于动物福利的考虑，这些技术已经不再广泛应用到试验中（Härtel，1986）。

◆ 全收集法

顾名思义，全收集法测定从动物的口到肛门的全部营养物质或能量的表观消化率。对于家禽来说，欧洲有一个参考方法，最初的设计目的是为测定代谢能（metabolizable energy，ME）（Bourdillon 等，1990a，b）。对于测定自由采食状态下的家禽表观代谢能（AME），主要过程包括 4 d 的预饲期，然后禁食一整夜，禁食后接着进行 3～4 d 的自由采食及粪便的收集（图 5 - 2）。自由采食需要试验日粮的适口性好，以确保动物的采食量在一个合适的水平。

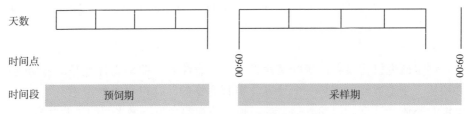

图 5-2　家禽表观代谢能试验示意

全收粪法的关键要素，如预饲期与粪便收集期，是非常标准化的，不过一些研究机构可能会选择 3 d 的预饲期而不是更常用的 4 d 预饲期。类似的，禁食期在粪便收集开始前和结束后各一次，各研究机构执行的标准也各不相同。通常情况下，初始的禁食持续约 16 h（过夜，从试验开始前一天下午 5 点到试验第一天的早上 9 点）。两个禁食期无论选择什么时间段，重要的是需要进行的试验要符合所在机构规定的动物试验管理规范。

虽然 Bourdillon 的研究为家禽代谢能测定方法的标准化提供了一个很好的开始，但在已发表的文献中仍有许多方面有所不同。他最初用来建立参考方法的实验动物为成年公鸡。后来，实验室之间的一项研究使用了成年和幼龄家禽。如今在大多数生产系统中，肉鸡于 30～35 日龄达到屠宰体重，因此，在代谢能试验中普遍采用 20～28 日龄的肉鸡。另外，已发表的文献在禁食流程上并不统一，许多试验无论在试验前还是试验后通常并不进行禁食。排泄物的干燥和处理方法也是一个问题。尽管大量文献表明在 80 ℃时进行干燥能达到挥发性物质损失尽可能少和干燥效率尽可能高的最好平衡，但仍未对其达成共识，许多文献甚至未在材料方法中提及。另一个误差来源是采集后未放入密封袋中的排泄物发生水分再平衡。存放环境会影响粪样重新吸收水分的数量。因此，为了能够正确进行代谢试验，在测定粪样的总能时需要测定其干物质含量，以确保粪样的含水量在最后一次采集烘干后与测定总能时没有大幅变化。

猪试验的预饲期和正试期通常都比家禽的长。通常情况下，猪的消化率试验需要 5～7 d 的预饲期，紧接着为 4～6 d 的采样期（Adeola，2001）。猪每天喂料 2～3 次，没有禁食期。粪样采集、处理的标准化问题仍然存在。

全收粪法测定营养物质消化率用以下公式进行计算：

$$消化率\% = \frac{摄入营养物质 - 粪中营养物质}{摄入营养物质} \times 100$$

◆ 标记物、指示剂或指示技术

各种各样的指示剂，通常也叫标记物，被用于许多动物的消化试验中。研究人员利用不能被消化的标记物，可以估测与给定采食量有关的排泄物或粪便的数量。当全收集法不适合使用时，这种方法就显得尤其重要，例如在采集回肠食糜时。标记技术假定标记物与饲料均匀混合，在通过消化道时不会影响动物或其肠道微生物菌群组成，或在整个消化过程中自身不会发生变化。因此，从理论上来说，肠道中被消化的营养物质的量可以根据其相对于以已知水平加入饲料中的指示剂的数量而计算出来。

在采用全收集法时，由于饲料中加入了标记物，就没有必要再收集大量排泄物（粪便、尿液或者两者兼有）。在猪的营养消化试验中，一些研究人员在饲料中添加指示剂以测定"散养"动物的而不是圈养动物的消化率。

在全收集试验中，利用标记物可以节省很多时间和精力。更重要的是，标记物可以用来判定营养物质在整个动物消化道中的消化率。

理想的示踪物应该具有以下特性：

- 标记物是惰性的，对动物无物理、生理、心理和微生物学等方面的不利影响；
- 不能被动物及其体内的微生物消化和吸收，且能够全部回收；
- 能够很好地混入饲料，并在食糜中均匀分布；
- 能够很容易进行测定，但用量不大，例如在饲料配方中所占比重不大。

遗憾的是，理想的标记物仍然有待被发现。这是因为食糜在消化道中至少包含 3 种不同的形态：固态、液态和半液态。食糜的这 3 种形态并不总是在一起，导致营养物质在胃肠道中出现分离，具体情况则取决于营养物质的物理化学特性，如在不同 pH 和离子强度下的水或脂溶性、动物的生理条件（如在鸡的嗉囊和肌胃以及猪的胃中的滞留时间）、饲料原料的性质（如能够改变肠道动力学的黏性多糖的存在与否）等。

常用的标记物，如氧化铬、二氧化钛、酸不溶性灰分，因为都是不可溶的，所以和食糜中的固态物质在一起，导致这些标记物无法在食糜内均匀分布。这意味着任何可溶的营养物质都没有得到正确的标记，因此消化率计算值可能无法代表它的真实价值。为解决这个问题，营养师除了使用传统的固相标记物外，还使用可溶性标记物（如铬-EDTA、聚乙二醇）和半溶性示踪物（如长链碳氢化合物）。

尽管有这些缺陷，但标记示踪技术仍是动物营养师的一个非常重要的工具，已被许多科研者重新探讨（Kotb 和 Luckey，1972；Khan 等，2003）。该技术为营养物质消化率研究提供了一个理想的评估方法（Scott 和 Boldaji，1997），并且所得到的值通常与采用体内全收集法获得的测定值相吻合（Han 等，1976）。

示踪技术使用下面的公式来计算营养物质的消化率：

消化率系数＝1－［（饲料中标记物的含量%/粪中标记物含量%）×（粪中营养物质含量%/饲料中营养物质含量%）］

◆ 真消化率测定

当表观消化率用内源性损失（主要由蛋白质组成）进行校正后，所得到的消化率被称为真消化率。因此，真消化率这一术语是指蛋白质消化率（通常也指氨基酸消化率），偶尔也用于能量的消化率，如真消化能或真代谢能。

由于后肠发酵会显著影响蛋白质的消化率，猪和家禽的氨基酸真消化率通常在回肠中确定。内源性蛋白损失的评估并不简单，事实上理想的方法至今尚未被找到。下列测定方法（Ravindran 和 Bryden，1999）是用于评估家禽内源性氨基酸损失的关键技术：

- 家禽禁食 24～48 h（仅仅用于测定流出的排泄物）。
- 饲喂不含蛋白质的日粮。
- 应用线性回归方法，随后饲喂蛋白含量逐级增加的日粮。
- 使用胍基日粮蛋白。
- 用酶水解酪蛋白，并超滤。
- 饲喂高消化率的蛋白，如小麦面筋。

Stein 等（2007a）总结了用于测定猪氨基酸消化率的不同术语，同时也提出了用于测定猪内源性损失的相似方法的列表。

◆ 标准回肠消化率

食糜中的蛋白质有 3 种来源：①饲料中未消化的蛋白质；②不论日粮具有何种特性，由消化道新陈代谢导致的内源损失；③与动物消耗的饲料特性相关的特定内源性损失。表观消化率不考虑基础和特定的内源损失，但真消化率则要考虑这两者。对表观消化率和真消化率来说，这个界限也是很难划清的，因为能够影响特定内源性损失的因素，如采食量、抗营养物质和应激，具有广阔的范围且很复杂。因此，在饲料配方中使用表观消化率和真消化率既有支持者也有反对者：支持者认为表观消化率生物测定方法简单且易操作；然而，混合饲料中每一种单个饲料原料的氨基酸消化率值并不能累加（Stein 等，2005），使得饲料配方的"本质"（加性效应）不再可信。另一方面，内源损失测定的难度和欠精确性已经使真消化率在实际中的应用受到很大的限制。

为了克服表观消化率和真消化率测定的不足，"标准回肠消化率"（standardized ileal digestibility，SID）测定的概念随之被提出。这个设想是用内源性损失来矫正氨基酸的回肠表观消化率的。这种方法与动物本身和采食量有关，但与日粮特性无关。研究表明，对猪而言，氨基酸的标准回肠消化率的数值比表观消化率的数值更加具有可累加性（Furuya 和 Kaji，1991）。Adeola（2013）对此重新进行了审查，并推断出氨基酸的标准回肠消化率更能代表家禽（肉鸡、母鸡、火鸡）饲料原料中的氨基酸消化率。Stein 等（2007a）在猪上得出了类似的结论，强调从采食量与自由采食量接近的试验获得 SID 值的重要性，这是因为基础内源损失受采食量的影响（Stein 等，2007b）。然而，值得注意的是，SID 的精确性依赖于试验所用的基础日粮和实验动物的年龄。在很多情况下，采用半纯合日粮存在很大的问题，因为它会影响动物的采食量（请参见第 4 章）；在有些情况下，由半纯合日粮引起的营养不平衡也会影响幼龄动物的营养消化率测定结果，因为它们对营养的匮乏很敏感。虽然这么说，就动物消化试验技术而言，任何技术都是有瑕疵的，但至少 SID 方法可以降低甚至消除一个变异源。因此，在猪和家禽的实用饲料配方应用中，SID 已被广泛采用。计算 SID 的方法如下：

$$\begin{aligned}\text{标准回肠消化率} \atop \text{(SID)（\%）} = & [\text{氨基酸摄入量} - (\text{回肠氨基酸流出} - \text{基础回肠内源性} \\ & \text{氨基酸损失})] / \text{氨基酸摄入量} \times 100\end{aligned}$$

◆ 测定单一饲料原料的营养价值

测定单一饲料原料的营养价值是动物营养试验中最基本的测定工作之一，原因是所有饲料配方数据库都需要每一种以及所有原料的营养价值数据。测定方法则取决于待测的营养成分。下面将会讨论测定各种单一原料营养价值的最常用技术。

Ⅰ. 剂量-响应/回归方法　动物对基础日粮中按各种水平添加的某种营养物质、添加剂或原料的反应是以动物生产性能［如增重、饲料转化率（FCR）、营养物质和能量消化率等］的方式表现出来，它们可以通过剂量-响应试验来测定。由于此方法操作简单，已被广泛用于动物营养研究中。这种研究如果设计不合理，可能会产生许多有误导性的结论，所以也会增加猪和家禽饲料中各原料的营养价值的变异性。

剂量响应试验成本较高，因为与单一处理试验相比，它们需要设计更多的处理组。然而，如果没有适宜的样品量、没有正确选择剂量水平、没有足够多的重复，剂量-响应试验不仅会削弱试验效果，而且还可能会产生误导性的结果。许多论文和相关专著的章节都有讨论剂量-响应试验的设计和对此方法所获得结果的解释（Morris，1983，1999）。本书第 2 章列举了许多实例来解释剂量-响应研究所获得的结果。

Ⅱ. 替代（差异）技术　要使用这种技术，至少需要配制两种营养充足的日粮：第一个叫参考日粮，必须在消化率方面有良好的特性；第二种日粮是测试日粮，用已知添加水平的测试原料替代参考日粮。测试日粮和参考日粮应该含有合适比例的相同微量成分（矿物质和维生素），即在体积和类型方面，测试日粮和参考日粮应该含有相同的微量成分（Sharma 等，1979），因此能量、蛋白质或脂肪含量上的任何差异均来源于"替代"成分。这种模式的关键是假设在任何日粮中，能量或某一特定营养物质的总和是由各种含该营养物质的单个饲料原料累加而成的，也就是说它们在日粮配方中具有累加性。但是，在生产实践中，这种假设并不严谨，因为各种营养物质之间、原料与加工工艺（物理和化学）之间、日粮和采食的动物（动物的生理、微生物和免疫状态）之间存在着极其复杂的相互作用。但是，如果我们不接受这一假设——加性效应，我们将无法使用这种替代（差异）技术。

Ⅲ. 单一原料替代测定法　对于谷物来说，这一方法通常意味着参考日粮中所有"含有能量的原料"都可以被替换。这也被称为单一原料替代分析法。Mollah 等（1983）使用含 80% 谷物（如玉米或高粱）、13.3% 酪蛋白和 6.7% 微量成分（维生素和矿物质）作为参考日粮，来评估不同小麦品种在肉鸡上的 AME 值。Annison 等（1994）对该技术进行了一些细微调整，包括测定酪蛋白-盐酸盐的代谢能值，目的是测定不同小麦品种的代谢能量值。在此方法中，所有的玉米用不同品种的小麦或其他待测谷物替换。这种方法也可以通过利用已知能值的谷物如玉米或高粱，来测定蛋白原料的能值。例如，如果需要新批次豆粕的 AME 值，则可以配制由玉米、豆粕以及微量组分组成的测试日粮。使用以下公式进行计算：

$$AME_{谷物} = \frac{AME_{日粮} - AME_{酪蛋白} \times 13.3\%}{谷物添加水平\%}$$

这种方法的优点是"相似替换相似"（like replacing like）。由于是具有相似特性的原料可以相互替代，所以组分间的相互作用就变得不怎么复杂了，例如用蛋白质原料替代谷物或反过来。日粮中某一种谷物源的添加水平也可能会非常高，这可能会加重谷物原料中抗营养因子的影响。此外，由于使用的原料种类很有限，该日粮在某种程度上可以说是人造的，且某些氨基酸的含量可能很低，具体含量则取决于所使用的这两种主要原料。因此，可能被提出的疑问是：用此技术得到的原料的 ME、DE 或消化率是否准确地反映了其在实际日粮中的表现呢？

单一原料替代法的可靠性取决于使用同一批待测原料进行的重复测定。首先要获得大批量的参考原料并弄清其营养特性，如 ME 值或 DE 值。这可以在随后的试验中确定测试原料的数量。在 Annison 等（1994）的研究中，酪蛋白-盐酸盐是参考原料，能够大量获得，并储存在一个防鼠的房间中备用。另一方面，假如以谷物如玉米作为参考日粮，那么该蛋白原料的 ME 值就需要了解，有大量的玉米来源且得到了正确的储藏。这是非常重要的，因为不同批次的同一种原料它们的营养价值存差异（如酪蛋白或玉米）。对小麦和大麦来说，每批次原料的 ME 值和 DE 值差异更大。

为了克服这些局限性，一些研究人员提倡使用实际日粮替代测定法。该方法使用由常用原料组成的参考日粮，用待测原料替代部分参考日粮后再配制成待测日粮，然后这两种日粮同时进行测定，不必为了进行后续试验而对特定成分进行测定和储存，因为参考日粮就作为对照。

Ⅳ．实际日粮替代测定法　本测定法首次由 Sibbald 等（1960）提出，并应用于家禽营养试验。之后对其进行了大量的修订，并且被应用于其他动物的营养试验中，例如猪。此方法的基本原则如下：①准备参考日粮。参考日粮可能包含多种原料，并对其营养进行了平衡以满足实验动物的营养需求。为了简单起见，参考日粮主要由基本组分（basal component，BC）如谷物、蛋白质原料以及微量成分如矿物质和维生素组成（minerals and vitamins，MV）。不过在许多情况下，它还含有标记物、酶、合成氨基酸，等等。很显然 BC＋MV＝100％。②为了获得待测成分的 DE、ME 或消化率，常用的方法是用待测成分代替参考日粮中的基本组分（BC），并确保参考日粮和测试日粮在矿物质和维生素（MV）的含量上一致。为了测定在家禽上的代谢能量值（ME），待测原料的 ME 值（$AME_{原料}$）通过待测日粮的 ME 值（$AME_{测试}$）、参考日粮的 ME 值（$AME_{参考}$）以及结合参考日粮添加水平（$\%_{参考}$）和测试原料的替代水平（$\%_{替代}$）获得。这里的假设是"$\%_{参考日粮} + \%_{替代日粮} = 100\%$"，而 $AME_{待测原料}$ 的计算公式为：

$$AME_{待测原料} = \frac{AME_{测试} - AME_{参考} \times \%_{参考日粮}}{\%_{替代日粮}}$$

■ 实际日粮替代测定的问题

营养不平衡：在已发表的文献中可以发现两个常见的错误：①用待测原料替代参考日粮时，没有考虑到该日粮中 BC 和 MV 部分之间的差异（导致维生素、矿物质、氨基酸以及能量的巨大不平衡）。②即使对矿物质和维生素进行了适当的考虑，仍然会出现营养不平衡问题（通常是由于用能量原料替代了部分蛋白质原料，反之亦然）。保持各种原料之间的替代比例不变，意在减小原料之间的相互作用，从而保持参考日粮与测试日粮在所含的能量或营养成分上一致。然而，原料的添加比例并不意味着是营养的比例，因此使各原料在参考日粮和测试日粮中维持恒定的比例对解决营养不平衡将几乎没有或根本没有作用。

至少对于现代的家禽品种而言，幼龄家禽对营养不平衡较为敏感，这提出了在幼龄家禽上使用这种方法来测定饲料原料的营养价值是否合适的问题。

关于微量原料（minor ingredient，MV）的困惑：对于替代方法，有关微量原料的替代存在许多困惑。微量成分通常是指 BC 以外的所有成分。假设 MV 对日粮的能量和蛋白质含量没有任何贡献。但这是不正确的，如合成氨基酸会像日粮中的其他任何蛋白质原料一样都会对能量有一定的贡献。"保持微量原料含量不变"一词意味着在配制成品时，确保参考日粮和测试日粮使用相同水平和类型的微量原料。遗憾的是，许多研究人员首先确定待测原料添加的水平，然后按与在参考日粮中相同的水平添加微量原料。

如同下面所举的例子，在一个测试日粮中，研究人员决定使用 40% 高粱的作为测试成分，并使用与参考日粮相同的微量原料水平，如 5%。这将出现计算错误，错误来自对参考日粮中的微量原料比例保持不变的理解。40% 的高粱来自 BC 即 95%，而不是 100% 的参考日粮。因此，参考日粮被替换后的百分比代表是：（100－40－5）/95×100＝57.9% 而不是 60%。因此，先决条件"% $_{参考日粮}$ ＋% $_{替代日粮}$ ＝100%"不再是真实的，因为 57.9%＋40%≠100%。因此，方程式如下：

$$AME_{原料} = \frac{AME_{测试} - AME_{参考} \times 57.9\%}{40\%}$$

那么，为什么要为替代率上 2.1 个百分点的差距小题大做呢？基于上述方程，如果测试日粮含代谢能 3 200 kcal、参考日粮为 3 100 kcal，则高粱 ME 的计算误差将相当于 162.75 kcal。当 MV 水平较高时，例如在产蛋鸡饲料中（其中石灰石和磷酸盐的含量超过 7%～8%），该误差率会更大。

■ 改进建议

"相似替换相似"法：如果我们采取"相似替换相似"法，实际日粮替代方法可能会得到改进。以谷物为例，用一种谷物取代另一种谷物，同样对植物蛋白源也是如此。例如设想一下一种情景，即将玉米-豆粕型肉鸡基础日粮用作参考日粮，以此来评估一种新高粱品种的 ME 值。该测试日粮中添加 40% 的高粱，替代参考日粮中相同比例的玉米。由于谷物的营养组成相似，因此这应该可以避免出现明显的营养不平衡。这可以通过以下事实实现，即待测日粮和参考日粮一同进行测定，并且在这种情况下除了谷物外，其他饲料成分是一致的。与采用单一成分替代测定法相比，这种方法在平衡日粮的营养方面有更大的灵活性。让我们回到刚才所举的测试一个高粱新品种的 AME 值例子上。我们使用玉米样品和事先确定的代谢能值（AME_c）来配制参考日粮：65% 玉米、30% 其他成分（如蛋白质、氨基酸、脂肪等）和 5% 矿物质和维生素。高粱仅替代参考日粮中的 40% 玉米，所以该测试日粮将含 25% 玉米、40% 高粱、30% 其他成分和 5% 矿物质和维生素。

那么计算公式将如下所示：

$$AME_{高粱} = AME_c + \frac{AME_{测试} - AME_{参考}}{高粱添加量\%}$$

当然，这种方法仅适用于测试与其在参考日粮中所替代原料具有相同营养组成的原料。

用测试日粮取代测试原料：在一个例子中，参考日粮含 65% 的玉米、

30％的蛋白源和 5％的微量原料。我们想测定高粱的 ME 值，并决定用 40％的比例替代参考日粮中的同类原料。关键在于配制测试日粮。假定该参考日粮均质混合，则 40％的测试日粮将被取代：（65％玉米＋30％蛋白质源＋5％微量原料）×40％＝26％玉米＋12％蛋白质来源＋2％微量原料。由于参考日粮和测试日粮都需要满足动物对矿物质和维生素的需求，因此，测试日粮必须在已经替换 40％的参考日粮中添加 2％的微量原料。由此测试日粮的组成将是：高粱＋2％＝40％，所以该测试原料成分高粱的添加比例为 38％。因此，正确的计算方程是：

$$AME_{高粱} = \frac{AME_{测试} - AME_{参考} \times 60\%}{38\%}$$

这种方法可以在通过复杂的计算后使两种日粮在微量原料上保持一致。

　　多级替代法：为了提高该测试方法的稳健性，我们建议采用多种水平的替代——多级替代法。这种方法的优点是可以避免出现添加水平对营养价值的影响。

5.3.2　测定特定营养物质的消化率

　　本节将重点介绍磷和脂类这两种在科学研究和行业应用中都得到广泛报道的营养物质，但是测定其消化率的方法却容易出错。

5.3.2.1　测定家禽中磷的消化率

　　磷是一种已经得到详细研究的营养物质，但今后在消化率这一领域还需要进行更多的研究工作。就消化率研究而言，磷也是一种具有许多特性的营养物质。首先，饲料中的磷以植酸磷或非植酸磷（non-phytate sources，NPP）的形式存在。无论是否添加植酸酶，植酸磷在猪和家禽的胃肠道中释放的磷在数量上变化都很大。其次，磷的消化率会受到多种因素的影响，如：与所用饲料原料有关的参考日粮的类型、钙磷比例、NPP 的水平、动物年龄、试验评估周期以及胃肠道的取样位置等。大量的文献报道了测定磷消化率的缺陷（Rodehutscord，2013；Mutucumarana 等，2015）以及对植酸酶的反应（Bedford 等，2015）。因此，本节主要目的是提醒各位，在设计一个测定磷消化率或植酸酶反应的试验时，需要密切关注会影响磷消化率的每一个关键因素。

5.3.2.2　测定脂肪消化率

　　脂肪和油统称为脂类，虽然它在猪和家禽日粮中占有的比例不大，但对日粮中能量和提供必须脂肪酸有很大的贡献。脂肪能提高饲料的适口性，减少粉状日粮的粉尘，并可通过润滑作用提高制粒效率。由于脂肪的能量值是淀粉的两倍多，在以一个相对较低的比例添加时，哪怕出现一个很小的误差也会明显影响饲料成本。就脂类消化率的复杂性而言，家禽的远大于猪的。例如，脂类在家禽中的消化率及其 ME 可以受到动物年龄、日粮组成成分、脂类的化学特征等因素的影响。

◆ 动物的年龄

脂肪的代谢能随家禽年龄的增加而提高，且与品种无关。这种情况在幼龄家禽中尤为明显：第一周中脂肪代谢能值很低，而到第三周时显著提高。这意味着在 3 周龄前或 3 周龄后测定脂肪的消化率，所得到的结果可能会存在很大的差异。因此，在商业用家禽饲料配方中，脂类通常有两种不同的脂肪代谢能值。

◆ 参考日粮中的基本成分

同其他消化率试验一样，脂类消化率研究也必须密切关注参考日粮的组成及其所用原料的种类。添加的高水平可溶性 NSPs 可通过提高肠道食糜的黏度来降低脂类的消化率，因为食糜较高的黏度会影响消化酶与底物的混合，降低微粒形成（尤其对饱和脂肪的消化很重要）的效率，改变肠道微生物菌群组成，加快胆盐的早期解离。此外，如果日粮含有过量的矿物质（如钙），则会引发皂化作用，从而会使某些脂肪酸无法用于消化和吸收。

◆ 脂类的化学特性

脂类的代谢能值受一系列与其化学特性有关的内在因素的影响，如脂肪的饱和度、碳链长度、双键的位置、酯键、饱和脂肪酸和不饱和脂肪酸的比值及脂类中游离脂肪酸的含量。掌握这些特性非常重要，因为有时候在脂肪的消化试验中，人们感兴趣的产物是脂类混合物而不是单一脂肪。例如，游离脂肪酸的含量每增加 1%，脂类代谢能值会下降 0.1% 左右；在用黏性谷物配制的日粮中，木聚糖酶的效应在有饱和脂肪和不饱和脂肪以及中链脂肪酸与长链脂肪酸存在的情况下差异很大。

5.3.3　消化率的间接评估

动物试验既昂贵又费时，因此，在实验室情况下采用数学模型（例如预测方程）或应用"黑匣子技术"（例如，近红外光谱，NIRS）的模拟消化（体外消化法）则更具吸引力：如测试饲料原料营养价值的速度更快、费用更低。此外，用实验动物进行科学试验所带来的伦理问题意味着利用不涉及动物试验的间接测试法来评估营养物质消化率的技术将会得到持续的发展。任何间接评估法面临的主要挑战是其得到的营养物质价值是否能与体内试验结果高度一致。

5.3.3.1　体外消化率测定法

从成本和操作（速度和易测定性）的角度来看，可以模拟动物和人类消化道消化过程的体外消化率测定法是非常吸引人的。在开发体外消化率测定法上，蛋白质和干物质是受到格外关注的两种物质。该方法涵盖了从一个简单的一级消化到有许多步骤和需要专用设备以及技术人员来完成的多级过程。然而，这些分析方法被证明既不昂贵也不快速。

体外技术是一个长期研讨的主题（Fuller，1991），也有关于这一主题其他许多很好的综述（Sibbald，1987；Farrell，1999；Moughan，1999；Ravindran 和 Bryden，1999）。毋庸置疑，猪和家禽的营养消化是极其复杂的，它涉及酶、微生物及其机械消化过程。这些过程效率高，并受到许多内外因素的影响。因此，要获得能够反映用体内消化试验方法的消化率数值是非常困难的，但并非不可能。

很明显，在长时间内付出的许多努力都没有能够提供信服的证据来证明猪和家禽的营养价值可以利用简单、廉价的物理化学测定方法进行预测，并具有充分的正确性和精度。然而，持续探索这些简单的测定方法，希望出现与更复杂的测定方法间有统计学关系，或者这些简单的测定方法可用于调整强大机械模型的预测方法。

5.3.3.2 模拟模型

当有可靠的体内测定数据时，利用数学方法建立动物消化模型就有可能。现代农业难以在没有模拟模型的情况下运行，单胃动物营养也不例外。事实上，数学模型被广泛应用于猪（Black 等，1986；Noblet 等，1994，2004）和家禽（Gous，2014）的营养研究上，Gous 等（2006）和 Sakomura 等（2014）在其论文中对此也进行了详尽的综述。

5.3.3.3 光谱技术

光谱技术的范围很广，包括了电磁光谱。所有这些技术都是利用光与需要检测的物质进行作用，探索样品的特性以了解其一致性或结构。其中一种在动物营养行业中引发人们巨大兴趣的技术是近红外光谱技术（near-infrared spectroscopy，NIRS)。NIRS 在动物营养的研究和工业中的应用不仅包括可以检测饲料原料的营养成分，而且还可以探测其营养价值，如猪的消化能和家禽的代谢能。此方法不但检测速度快，而且还不会对样品造成破坏。随着时间的推移，甚至那些功能更为强大的光谱技术也将会被应用于农业生产中，如拉曼光谱，目前它被用于化学领域的分子识别上。

5.3.4 结论

确定营养价值需要满足两个要素：即饲料原料和采食该饲料的动物。营养物质的消化和代谢是高度复杂的，所以营养科学不得不做出某些假设。第一，当两种或两种以上的饲料原料混合在一起时，某一种原料的营养价值被认为是具有加性效应的。事实上这种假设并不正确，因为饲料原料在加工期间和在动物胃肠道中以及在采食时动物的生理条件、免疫状态和肠道微生物菌群等条件下会产生相互作用。但是，如果没有这种假设，饲料就不可能配制。第二，假设不管含有某一营养物质的原料添加量是多少，它的消化率是不变的，但事实也并非都是如此。这是从许多已发表的对待测原料采用多种添加水平的研究结果获得的。我们常用饲料配方使用的数据库源于此类研究工作。第三，当评估单个原料的能量或消化率时，营养不平衡被忽视了。正如前文在讨论日粮替代法时所提到的情况。对有些原料而言，营养不平衡是不可避免的，因为并不总是能找到一种在日粮中的一部分待测原料（如高纤维类副产品）被取代后仍然能保持营养平衡的参考日粮。

事实上应用研究在很多方面更像是一门艺术，而不是一门精确的科学。然而，人们应该努力通过缜密的计划和操作来尽可能减少误差。研究人员需要注意试验的设计、动物的健康和饲养管理、所用原料的详尽特性、饲料的配方、最终日粮的交叉检查以及数据的收集和分析。这些因素都将在本书中讨论。无论是在寻找原料时还是在饲料混合时，原料干物质含量的一次简单测定可以避免在计算中发生代价高昂的错误。同样，测定配制好日粮的化学组成并将结果与理论计算值进行对比，可以提供能够控制饲料配方准确性的一次交叉检查机会，确保日粮混合的质量，更重要的是，有助于避免因进行一项失败试验而造成的经济损失。

（周惟欣译，杨亮、董京宏、潘雪男校）

6 猪和家禽营养研究的试验设计、执行和报告

J. F. PATIENCE*

艾奥瓦州立大学，艾姆斯，艾奥瓦州，美国

6.1 引言

为了取得试验成功，试验需要以明确的目标进行正确地设计、有效地执行，并且适当注意细节，正确地分析和解释，然后以清晰和全面的方式呈现（Festing 和 Altman，2002）。本章我们将讨论所有这些方面，但主要目标是帮助读者根据完整和详细的研究结果撰写报告。由于下文提及的原因，使得能够对以相同或相似的议题进行的不同试验进行比较变得越来越重要。只有当单个试验正确完成，并且试验报告包含足够的细节以允许进行这种比较时，这一步骤才能进行。

猪和家禽业的发展速度非常快。虽然一些变化本质上是结构性的，但其中许多是在全球强大的研发部门的推动下促使生产技术得到发展后所带来的结果。换句话说，这些行业对科学具有浓厚的兴趣，将研究作为管理决策的重要依据。当新技术被推出时，假如其具有实用性和经济价值，则它将会被迅速采用。

由于科学对生产的发展如此重要，大多数大型猪肉和家禽生产者以及饲料和动物育种公司都会保持内部研发能力，使他们能够在反映自身商业企业或市场环境的条件下开发和/或评估新的技术。因此，越来越多的研究在私有研究机构中进行，但是仍有很多研究非常需要且很有兴趣在公共研究机构进行。

在公共研究部门进行的研究始终发挥着重要作用，一般来说它服务于：

- 作为未来创新的科学基础。
- 在建立作用机制中起着非常重要的作用：当新技术的作用机制得到探明

---

* jfp@iastate.edu

时，该技术能够以更加集中、有效的方式应用于商业生产。

- 作为评估新技术或发展中技术的一个独立机构，相比由私有研究机构所提供数据的可信度，公共研究部门提供的数据更可信。
- 为那些选择不保留内部研究设施的公司提供重要的研究场所。
- 作为培养研究生的平台。由于科学对养猪业和养禽业未来的发展至关重要，因此，提供充足的应届毕业生对支持私有研究机构的研究与开发活动以及相关的销售工作是极为重要的。它还可以补充由于退休或跳槽进入其他行业而空出的研究人员。因此，需要高级营养学位的职位数量有所增加，同时这种情况将继续维持。

在养猪业和养禽业技术水平快速提高的同时，研究领域的技术水平也同样如此。改进的且几乎是即时的通信使得各研究部门能够进行更高层次的协作。大学中的教员不再局限于与某一地理区域内的同僚合作，现在差不多可以很容易地和世界各地的其他研究人员一起工作。私有研究机构和公共研究部门之间的研究合作伙伴关系日益普遍，并且无疑将持续增长。研究工具正变得越来越先进；过去需要几个星期或几个月且会花费数千元甚至数万美元方能完成的研究进程，现在往往可以在几天之内完成，并且只需要花费原有成本的几分之一。实验室的新技术如雨后春笋般出现，使得研究更有成效，并且更加准确。

全球通信技术的迅猛发展不仅使合作变得更加容易，而且与过去相比，还能够以更低的成本和更少的时间完成研究成果的交流。换句话说，新技术成为农业领域和科研领域的"好朋友"。然而，为了满足养猪业和家禽业对技术需求的日益增加，科学界的期望正在改变。以下是两个典型的实例。

一是，看看行业对新技术做出决定的方式。理想情况下，研究团体会对其数据进行详细的统计评估，确定报告的结果是否可能是"真实的"，或者只不过是随机机会的结果。研究团体长期以来一直认为 0.05 的 p 值足以令人信服地得出相当有根据的结论。大致地说，在 20 次机会中只有 1 次的试验报告的处理间差异是由于碰巧产生的，而在这 20 次机会中有 19 次得到的差异不是偶然获得的。然而，养猪业和养禽业内可能至少在两个方面与公共研究部门不同，它们可能愿意冒大于 1/20 的风险；如果采用新技术后获得的收益足够大，且成本适中，那么它可能会接受 1/10 或甚至 1/5 的高风险。行业的逻辑新技术值得投资且有回报；如果有 90% 甚至 80% 的把握确定能够有获利，那么该风险或许是可以接受的，以便从回报中受益。因此，研究人员应该报告实际的 p 值，而不是一个范围，如 $p<0.05$ 或 $p>0.10$。当报告实际的 p 值时，读者可以自己决定这些潜在的风险是否值得预测的回报。

这样，人们可以看出这两个研究团体对风险的看法是不同的。研究人员需要确定他们的结论是有根据的，是基于可靠的试验和统计方法。他们的"奖励"则是对他们的数据的信心，并避免得出不恰当的结论。然而，养猪和养禽生产者虽然在决策过程中也希望有一定程度的确定性，但更应该认识到没有采用有价值的新技术也存在风险，以及采用无效的技术同样有风险。对于研究人员来说，动机是可避免得出一项无用的技术是有用的结论；而对于生产者则是希望不错失有用的技术，同时避免采用无用的技术。就研究人员而言，得出结论时越保守则风险越低，而生产者则要对过于保守付出代价。

二是，重复性的问题。不熟悉研究的人们会惊讶地发现，重复单次试验的结果是非常困难的。在该行业中，人们可能更多地相信报告相同结果且有更高 p 值的多个试验，而不相信报告同一结果并且 p 值更低的单个试验。因此，研究团队和生产者应更加重视研究成果的可重复性，从而使得人们对特定结果更有信心，如新技术的功效。

人们即使对可靠的统计分析的结果有信心，也更希望了解新技术或新型研究成果的作用机理。如果不了解新技术或新型研究成果的作用机理，则人们要正确地采用它们会变得很困难；如果人们不了解新技术工作所需的关键条件，则可重复性将更加难以实现。新技术在一个农场有效，但在另一个农场则无效。例如，一项新技术只能在特定的日粮配方或在动物特定的健康状态下才有效。因此，试验的设计变得更加重要，以至于在实施和报告单个试验以及在推断结论时，该试验的背景条件都要加以考虑。

鉴于试验结果的作用机理和可重复性在新技术的开发与应用方面很重要，具备比较多个试验结果的能力是极其有价值的。本章的目的是对正确设计、执行和报告营养试验的思想进行统一，这不仅对研究人员有益，而且对这些研究结果的使用者也有益。

6.2 试验前的规划

6.2.1 确定试验目的

到目前为止，设计试验中最关键的一步是确定试验目的。这说起来容易，因为要在一个预期肯定能够实现的声明中明确阐明试验目的通常是很难的。然而，一个清晰、简洁的试验目标使得详细说明试验方法变得更加容易，有趣的是它还可以简化呈现和讨论试验结果以及推断出结论的过程。由于根据试验结果得出的结论应该回溯到最初的目的，数据呈现和讨论的方式也应该受到同样的重视，因此明确试验目的的重要性变得越发明显。

同样，一个假设也许是基于同一研究小组或文献中其他研究团队所发表论文中的已有研究结果，我们应该正确看待该目的。一个明确的假设可通过确切的科学依据或预期的试验结果来验证试验目的。研究人员在试验前脑海中就应该清晰地有如何论证和为什么论证试验的概念。在试验结束时，该假设可能得不到试验结果的支持，但它仍能为试验结果的讨论提供支持。如果这个假设是基于生产现场最新原理，那么人们还可以发现这个主题不如之前预期的那样容易理解。因此，这个假设，连同此目的，指向试验规划的下一步。

6.2.2　书面的试验方案

书面的试验方案对确保试验的成功至关重要。方案应该包含足够的细节，以使那些制订试验的人和那些实施试验的人能够保持完全的一致。该方案也可用于确保在研究开始之前符合动物监管许可部门的所有要求。

一般，各种形式的试验方案均可采用，但这些方案应包括对以下各方面的详细说明：试验处理的安排，实验动物的选择以及如何对实验动物进行分组并安排相应日粮处理，数据和生物学样本的及时分类收集，数据和生物学样本的处理、分析方法，拟采用的统计方法，实验动物以及完成试验时未使用的饲料和其他材料的处置。

如果试验设施以定期或持续的方式承担着研究任务，建议制定标准操作程序（standard operating procedures，SOP）。SOP 是实验室交流的重要内容，确保从动物处理和样本收集到样本测定的一切工作保持一致性。当 SOP 落实到位时，单个试验的方案可以简化，因为没必要再对每个试验细节重复说明。SOP 对参与培训学生的实验室特别有帮助，对新员工的培训也非常有用。

6.2.3　审视试验设施的可承载能力

在制定试验方案之前，重要的是要评估试验设施的承载能力，具体包括以下内容。

- 动物品种
  - 相关性：所研究的动物品种类型目标受众有何关系？
- 动物：实验动物的生产性能结果与目标受众有关吗？
  - 所有试验设施面临的挑战之一是实验动物的表型相关性。如果试验实施中的每头猪以 1 000 g/d 的速度生长，而农场中的猪以 845 g/d 的速度生长，那么要将研究成果落实在商业生产中将会变得更加困难。
  - 养猪生产者经营的试验设施和公共研究机构的试验设施都会面临这个挑战。
- 试验设施的能力
  - 猪圈的数量和每个猪圈饲养猪的数量；
  - 有关试验的合理规模将在下文讨论。

- 地板和猪圈
  - 地板和猪圈的材料应能满足动物对舒适性的要求和研究的特殊需要。许多动物保护文件提供了有关此方面的指导（FASS，2010）。
  - 在生长试验中，这些材料应适合于猪的日龄，并且不能有可能会造成动物伤害的边缘或突起。
  - 在消化率试验中，生长试验的要求同样适用，根据试验方案的要求，还应增加定量和/或分开收集尿液和粪便的功能。在任何情况下，收集的尿液和粪便要无污染的，特别是无饲料的污染。
  - 在利用外科手段安装了收集装置如导管或插管的动物试验中，还有其他的要求，即不使用任何可能会使收集装置受到损坏或使手术切口受到损伤的材料。
  - 当动物的活动必须受到限制以利于样本（如血液、尿液、粪便）的收集或生理观察（如心率、呼吸）时，定位栏应具有高度的舒适性，同时其规格应有很大的灵活性（可调节高度、宽度和长度），并且规模要随着动物体重的增加而增加，以适应动物体型的变化。
- 通风设计和容量
  - 在理想情况下，试验设施在试验进行期间应能够为猪保持一致的热环境，从而使其不会影响和混淆试验结果。
    - 由于安装和运行空调的成本问题，这种标准的控制在夏季很少使用，而在冬天则不是问题，此时加热能力应足以保持设施内部温度的恒定，而不会受室外环境温度的影响。
    - 如果空调在夏天几个月中不能使用，优化通风系统的管理对于尽可能减少设施内部温度过高则至关重要。总的来说，在夏天的几个月中，设施内部的温度不能比室外环境温度高过 2 ℃。
  - 除了保持健康和一致的环境之外，还需要进行监测，确保达到猪或家禽的目标试验条件，至少在可能的范围内达到规定的室外环境条件。这种能力反过来又提升了在最终的报告和文稿中描述环境条件的水平。
- 家畜和家禽处理能力
  - 动物处理所需的合适设施与饲养动物的设施一样重要，其中包括从简单进行动物机体和饲料重量收集作业的设施，到更为复杂的、应用于动物外科手术以及收集生物学样本如血液、尿液和粪便的设备。
  - 这些设施不仅是为保证动物的安全和福利专门设计的，而且也是为确保试验操作人员的安全和福利专门设计的。
- 样本的采集和数据的记录
  - 下面将要详细讨论试验数据的完整性，其对任何试验的成功至关重要。

　　它也是研究机构和研究人员信誉的一个重要组成部分。

　　○ 质量数据的收集，例如与体重或采食量或生理测量相关的数据，只能在使用适当的设备并由经正规培训的人员操作下进行。设备必须得到妥善的维护，并在每次使用前进行校准。

6.2.4　统计分析的计划安排

　　通常，营养研究已经以一个能够减少生物变异的方式进行，以便使试验的功效达到最大化（Festing 和 Altman，2002）。因此，参加试验的动物需要经过筛选，以除去那些比平均值大得多或更小、或那些具有一些不确定或可疑性状的动物。这种做法有很多的优点，而且的确能够提高试验的功效，它还可以让研究人员不必要去评估实验动物群中异常个体对评估的试验方案是如何做出响应的。

　　例如，对养猪生产者来说，对一群猪的平均生产性能影响最小，但可以减少猪群中的个体差异，或能对生产性能更小或更差的动物提供特别好的处理，可能是最有价值的。一群达到 125 kg 上市体重的健康猪群，其群内个体体重上的"正常"差异可以用变异系数（coefficient of variation，CV）来表示，这个 CV 已被定义为 9.7%（Beaulieu 等，2010）。因此，为了包含一群中所有猪的 95% 个体，体重范围将大于 47 kg，即从 101 kg 到 149 kg！如果该猪群体重差异的存在会加重健康问题，那么该范围可能会更大。因此，任何可以减小体重差异的技术对养猪生产者都有很大的实用价值。然而，在试验开始时选择一个猪群并剔除生长缓慢或表现不佳的猪，可能会妨碍一个可能具有重大价值的研究。养猪行业通过利用大型猪舍进行研究，如可以饲养 1 200 头或 2 400 头猪的猪舍，同时在此类猪舍中几乎所有的猪以一个猪群的方式进行检测。在试验开始时只进行最低程度的选择。只要试验猪是按体重进行分组的，利用 40 个或更多的猪圈，研究人员就有可能根据体重区分对某一处理的响应。在这种情况下，表现为体重更小和生长更慢的猪可以与表现更好的猪分开。为了能够对群体中小群体的响应进行比较，试验需要进行完全随机分组设计。

6.2.4.1　有效性检验

　　我们在本书的第 2 章中详细介绍了结果的统计设计和解释。因此，本节将在开发试验方案的背景下讨论一些统计方面的内容。在制订试验方案时首要考虑的问题之一是运行有效性检验，以确定需要多少观测值才能从处理结果之间获得所需的统计学上的显著性差异。许多统计学教科书在介绍有效性检验时都有明确的用法说明，但也许最方便的是在互联网上找到的说明。要进行计算，则需要以下信息：可以被检验为具有统计学显著性的所期望的处理差异程度；

猪群的标准偏差（通常来自先前的试验或来自在相似条件下进行的已发表的试验）；所期望的 p 值；该检验的功效。p 值通常为 0.80，但可以高达 0.95；它是指如果存在显著性差异，则可检测到该差异的可能性。

虽然应该进行有效性检验，但通常情况下根据同一设施中进行类似研究的经验（即历史经验），就足以确保实现足够的重复。

测量结果的标准差，如平均日增重，或饲料效率，或总能的表观总消化率，或血浆尿素氮，是影响试验功效的关键决定因素。虽然在相同设施中进行类似研究的相同遗传学的经验可以为标准偏差提供一个值，但这不是一个静态数值。它可以随着动物的应激水平或健康状况等的影响而上升或下降。此外，如果日粮中的一种或多种营养物质缺乏，则群体差异可能增加。

6.2.4.2 统计模型和评估

试验方案的设计还应包括选择可以用于完成数据集的适合的统计模型。也许第一个决定是选择方差分析（ANOVA）或回归分析。变量分析的导数是协方差（ANCOVA）分析，其校正了数据中的潜在偏差。例如，初始体重在生长研究中通常当作协变量，因为众所周知，初始体重可以影响生长速度、采食量和饲料效率，不受试验处理的支配。如果在这种情况下使用协方差分析，关键是初始体重的范围使得所有处理中存在相当大的重叠。如果不存在这种重叠，则不可能区分处理之间的效果差异，以及由于协变量差异引起的差异。

在生长研究中，如果收集了中间过程和"从开始到结束"的全部数据，通常需要进行重复测量分析（repeated measures analysis）。因为猪在第 2 阶段表现出的生产性能至少在某种程度上依赖于其在第 1 阶段的表现，所以这一点必须加以考虑。如果这样的数据集不进行重复测量分析，则统计结论可能会出现差错。

此数据集一旦完成收集，可以进行 ANOVA 或 ANCOVA。在猪和家禽营养研究中收集的大多数数据可以生成参数数据，因此对它们进行 ANOVA 和 ANCOVA 是恰当的。应当指出的是，当进行方差分析时，需要 3 个假设为真：①数据或多或少呈正态分布；②所有处理组的差异相同；③观察值相互之间独立。后者意味着猪或家禽对某一处理的反应不受对另一处理的反应的影响。例如，如果测定氨基酸的滴定水平或饲料添加剂水平，方差分析仅适合作为通过使用多项式进行的后续回归分析的基础。然而，在这种情况下，推荐使用回归分析。在这种情况下，使用均值分离检验（mean separation tests）是不恰当的。

如果数据不呈正态分布，或者各处理间的差异不一样，则数据需要进行某种形式的转换。通常的例子包括对数转换、分对数（logit）转换或平方根转换，具体的转换方法取决于数据的性质。

　　试验单元是可以分配处理的最小单元（Easterling，2015）。例如，在一个评估饲料添加剂作用的研究中，试验处理只能根据栏或笼进行分配，然后统计采食量和饲料转化率，而不按笼内的单头猪或单羽家禽进行分配。因此，在这种情况下，栏或笼必须是试验单元。由于栏或笼内动物的个体体重可以测定，因此这些猪或家禽被视为观测单元，有别于试验单位。在混合模型分析（如SAS中的PROC MIXED）中，如果使用个体体重，则与猪圈相关的误差必须作为随机效应包含在该模型中。然而，更常见的做法是利用圈或栏的平均体重，这样既不必考虑圈或栏内的误差，也不用考虑观察单元和试验单元是相同的。

　　这个定义可能存在一些例外。例如，一些研究可能涉及对不同健康状况或不同环境条件下的猪或家禽营养方案进行评估。根据上述定义，由于疾病方案或环境方案只能按畜禽饲养舍或分开的房间分配，那么理论上畜禽饲养舍或房间应为试验单元。这在逻辑上是不可能的，因为要满足这个定义，试验单元数量必须非常非常大。因此，在这种情况下，必须假设畜禽饲养舍的影响是可以忽略的，并且可以将一个畜禽饲养舍内的饲养栏与其他畜禽饲养舍内的饲养栏或一个房间内的饲养栏与另一房间内的饲养栏进行比较。有时候，可能有数据支持这一假设，例如先前的猪或家禽生产性能上"无畜禽饲养舍效应"或"无房间效应"的试验。如果猪或家禽采用从同一群中随机选择的方法安排入两栋畜禽饲养舍，那么此问题的影响可以降到最低程度。

　　一旦方差分析已经完成，并且发现处理的效应是显著的——如果研究调查了两种以上的处理，则必须采用一些分析方法来确定哪些处理的均值不同。如果只有两个处理，一个简单的 t 检验就足够了。如果有两种以上的处理，则可以进行多重统计检验——多重比较检验。选择适合的多重比较检验是一个复杂的话题，经常会引发大量的讨论，而且非常令人头痛。简单地说，有些检验方法太过于保守，导致 II 型错误（发现处理没有差异，但是实际上它们是不同的），而其他的检验方法则太宽松了，导致了 I 型错误（发现具有差异而实际上没有差异）。由研究人员确定他们希望采用哪些检验方法，并在所采用的统计分析方法的背景下推断出研究结论。最常用的多重比较检验之一是最小显著差异或 LSD（least significant difference）检验；它是最"严谨"的分析方法之一，且最可能导致 I 型错误。尽管如此，由于具有操作简便的特性，它被广泛用于动物研究中。其他常用的分析方法包括带有 Tukey-Kramer 调整的LSD 法、Tukey 法、Bonferroni 法和 Scheffe 法，等等。

　　一个略有不同的分析方法是多范围检验法（multiple range test）。然而，多重比较法设定一个单一的区间以检验所有均值之间的差异，而多范围检验法则使用不同的区间，具体取决于该均值与处理阵列的接近程度。相关例子包括

Duncan 法和 Student-Newman-Keuls 方法。

作为多重比较检验或多范围检验的替代方案，我们可以采用预先计划的单自由度 F 检验，例如正交对比度（orthogonal contrasts）。为了避免发生偏倚，我们应在试验规划期间选择比较检验的方法，而不是在其结论之后。

在一些研究中，例如当我们正在评估营养物质或添加剂的浓度范围时，回归分析可能更合适。回归分析对于估计因变量和一系列独立变量数组之间的关系特别有用。相关性分析也非常有用，它可以通过确定自变量在多大程度上变化会影响因变量来进行。一个实例是日粮纤维与饲料或饲料原料中可消化能含量之间的相关性。

许多教科书可以提供以数据分析为主题的更多细节内容（Sprinthall，2011；Montgomery，2012；Lyman 和 Longnecker，2015）。

6.2.5 动物福利的标准和猪的管理

事实上，几乎所有由公共基金资助的研究机构都设有动物福利委员会，以确保试验所用动物的福利能够得到维护。许多私有研究机构出于相同目的也设立有自己的内部动物福利委员会。

大多数知名期刊不会接受不符合动物福利保护的文稿，除非它能够证明研究是在满足或超过了公认的动物保护标准的条件下进行的。"农业研究用动物福利与使用指南"（*Guide for the Care and Use of Agricultural Animals in Research and Teaching*）（FASS，2010）定义了一个被许多公共研究机构接受的动物福利标准。当然，个别研究机构可能会有比这一文件所列标准更高的要求。其他国家或地区也发布了自己的动物福利指南。

6.2.6 数据的完整性

对任何试验来说，要取得成功，确保试验数据的完整性、准确性和精确性是至关重要的。准确性是指观察到的平均值与对象的实际平均值的接近程度。换句话说，准确性是指获得与对象中的真实值相同的测量结果（van de Pol，2012）。

精确度则不同，它是指单个观测值与观测平均值的接近程度。换言之，精确度追求不分散。它是指一个测量的重复性（van de Pol，2012）。如果同一个测量值进行 5 次测量，并且所有的测量值都相同，则被认为精确度很高。如果每次获得的测量值都会发生变化，则认为测量精度不太高，甚至不精确。一个测量可能非常精确，但不一定准确。重要的是，高精度不应该被理解为准确。一致的错误仍然是一个错误。仅是测量结果相同，并不意味着它是准确的，只是精确。

关于准确性和精确度，可以将数据集分为 4 类（图 6 - 1）：①准确和精确；②准确但不精确；③不准确和精确；④不准确和不精确。直观地讲，所有研究人员的目标是获得第 1 类的数据。数据不仅要正确，而且平均值几乎没有变化；这使得研究能够将小的差异识别为统计学上的显著性。第 2 类数据仍然具有正确的处理平均值，但均值的变化较大，使得研究人员难以发现统计学上的显著性差异。因为第 1 类和第 2 类都具有准确的处理均值，所以普遍认为这些数据集是可接受的，不过很明显第 1 类数据是优选的。第 3 类和第 4 类数据是不可接受的，因为不管精确度如何，处理的平均值是不正确的，会推导出不正确的结论。第 3 类数据集可能是最麻烦的，因为较小的差异不仅可能会导致无法正确辨识出显著性差异，而且还可能导致在这些不正确的结果中产生错误置信。换句话说，较小程度的变化通常被解释为它反映了高质量的数据。坦率地说，第 4 类数据通常不太会受人们的关心，因为大的差异通常有碍于确定统计学上的显著性差异。

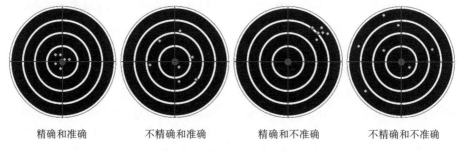

| 精确和准确 | 不精确和准确 | 精确和不准确 | 不精确和不准确 |

图 6 - 1　与准确度和精确度有关的 4 类数据的示意

许多较大规模的研究，圈舍的建设为养猪业和养禽业的生长研究提供了一个可以比在许多公共研究机构的传统小型设备获取更高精确度的巨大机会。例如，一个运行良好的大规模生长研究，试验猪从体重 20 kg 到 125 kg 的平均日增重（ADG）的标准误差应该约为 10 g/d，平均日采食量（ADFI）的标准误差应约为 30 g/d。较小规模的研究，猪圈数量少，每个猪圈的猪数也少，可能会导致 ADG 的标准误接近 15 g/d 甚至 20 g/d，ADFI 的标准误达到 50 g/d 或更高。

提高试验的规模不一定会产生更高的准确性。在这方面，前文已经说明原因，第 3 类数据集（前已述及）是最令人担忧的。增加可测试 1 000 头或更多头猪的大规模断奶至育肥猪舍研究，或许有 40 个猪圈，精确度提高了，但也会使人感觉到准确度也提高了。错误仍然有可能发生，研究人员必须警惕这种错误。

很明显，要实现数据的完整性，需要我们仔细注意各个细节。以下是有助于实现数据集完整性的重要措施。

标准操作程序（standard operating procedures，SOPs）是可以确保所有试验活动得到正确执行的第一步。所有参与研究的人员都应该能够随时获得SOPs。精心编写的SOPs要张贴在明显的地方，使所有读者都可以了解其内容。它们应该包括SOPs的目标，以便让读者了解为什么遵守特定的SOPs是很重要的。此外，SOPs是一份活的文件，应该随着操作程序的发展不断审查和更新，同时随时进行改进。SOPs的风险之一是，在花费一定的精力将它们整理成文本后，它们随后被搁置在文件夹中或电脑的服务器里，再也不会去阅读。

随着SOPs的准备就绪，相关的关键步骤就是培训。参与某一特定研究活动的所有人员都应接受有关标准操作程序的培训；培训必须包括为什么执行该程序很重要，该程序的内容是什么，如果不遵循程序该怎么办。培训可以通过许多不同的方法来实现。最好是让受训者开始时先观察教练的操作，然后让受训者操作所有的程序，直到受训者能自己操作，教练进行查看。此时，教练可以决定受训人员是否能够在没有指导的情况下独立执行该程序。根据该程序的具体情况，培训可能需要一两个小时，或数天甚至数周的时间。进行培训时应记录日志，以便让主管知道谁在某个程序上接受过培训。除非经过充分的培训，否则工作人员不能负责操作某一程序。

要提高试验数据的准确度和精确度，应该还有其他可以包括在试验中的特定程序。例如，我们可以使用一套标准的砝码，确保秤能够正确和准确地运行。在最大程度上，用于校准刻度的标准砝码应与测量重量的物体相匹配。当然，如果正在使用称量 3 000 kg 猪的秤，那么使用稍小的砝码才更切实际。然而，我们应对秤的每个角进行测试，以确保每个称重传感器均工作正常。

在生长试验中，恰当地调整饲喂器比我们想象的更重要。众所周知，饲料的浪费会降低采食量数据的准确性。测量"消耗的"饲料实际上是饲料的消耗量，是指动物采食的饲料和浪费的饲料的总和。浪费越多，采食数据就越不准确。另外，饲喂器调节的差异也会导致不同饲喂器间饲料浪费量的差异，这反过来说明饲喂器本身也是一个会降低精确度的因素。

此外，在一个给定的试验中，即使我们完全避免了饲料的浪费，饲喂器调整的不一致也会增加数据的变化，因为一些动物会很容易获得饲料，因此会吃到完全满足了食欲；然而，如果饲喂器调节得太紧，一部分猪会减少采食量（Smith 等，2004）。饲喂器的调节也会影响它的容量；如果调节得太紧，猪圈中的每一头猪都会花更多的时间采食，这意味着饲喂器的容量在理论上下降了（Smith 等，2004）。

如果饮水量也进行测量，用于饲喂器上的原理也适用于饮水器。如果要测定流过饮水器的水流量，则测量值并不是动物真正的饮水量，而是消耗的水量。像饲料一样，消耗的水是摄入的水和浪费的水的总和。已知碟式饮水器或干/湿式饲喂器可以减少水分的浪费，但是它们的精确度水平无法明确定义。

我们必须精心挑选水表，特别是在以猪圈为基本单位测量猪的饮水量时。如果流量小且有间歇，廉价的水表通常无法非常准确地测量水的流量。因此，以圈舍为基本单位测量猪饮水量的水表可能更准确，但这类水表对单个试验处理的反应可提供的信息很少。

在能量或营养研究中，毫无疑问对日粮应该进行测定，以确认在设计配方过程中所作出的假设是正确的，并且该日粮的组成能够满足试验目的。例如，如果某一项试验正在研究动物的赖氨酸需要量，那么该日粮必须进行赖氨酸和其他必需氨基酸的测定。测定赖氨酸的水平可以确保目标的处理水平真正能够实现。其他氨基酸也应测量，以确保次要氨基酸摄入量的不足不会损害猪或家禽对赖氨酸处理的反应能力。同样，如果要评估酶的功效，我们应测定日粮中酶的含量，以确保能够达成处理目标。

在生长研究中，所用日粮的实际能量浓度也可能要测定；我们可以将标记物添加到饲料和粪便样本中，并可以在试验的特定时间点进行收集。有时，如果日粮含有足够浓度的酸不溶性灰分，则我们不需要向日粮中添加标记物（Hernández 等，2004；Jurjanz 等，2014）。如果日粮不含适合的内源性标记物，则我们可以在日粮进行混合时以 0.4% 的比例将外源性标记如二氧化钛加入饲料中。在猪试验中，在 2～3 d 中收集每个猪圈或随机选择的若干猪圈的新鲜粪便样本，这将能提供可以用来估测日粮消化能（digestible energy，DE）含量的充足样本（Holloway 和 Patience，2014）。如果需要获得日粮的代谢能（metabolizable energy，ME）或净能（net energy，NE），我们可以应用适合的预测方程来进行转换（Noblet，1994；NRC，2012）。粪便样本应该是新鲜的，收集后应该尽快放在冷藏处保存，以减少进一步的发酵。粪便样本可以在标记物添加到饲料中的 5 d 后开始收集（Jacobs，2011）。

如果要评估饲料添加剂，我们必须对日粮进行相应的测定，以确保日粮含有该活性成分并达到所需的浓度。有时由于测定的灵敏度原因，我们不可能测定成品饲料中的该添加剂和外加的营养物质。在这种情况下，我们应该测定预混料中所关注的营养物或化合物，然后再测定其他营养成分，最后再测定成品日粮中的这种其他营养成分，从而确认该预混物以所需的水平被添加到了成品饲料中。

我们还应测定试验日粮中具有代表性的营养成分，以帮助确认该日粮是根据配方进行配制的。精确的测定将取决于试验和饲料的性质。最后，我们还应测试混合机效率以确认混合的精确度，并确保采用了正确的混合时间。

所有在试验过程中死亡的或因人为因素而淘汰的动物都必须进行记录，记录的指标包括死亡或淘汰时的体重、淘汰的日期和淘汰原因。这些信息将会成为最终报告的一部分。当组中出现死亡时，必须修正 ADG 和 ADFI 的计算值，以纠正每个猪圈中变动的动物数量。我们目前尚无完美的方法进行这样的调整，但最常用的方法是根据每天的猪数量进行计算。这种方法或许是错误的，因为它假设被淘汰的猪在被剔除之前以正常动物相同的速度生长，但如果猪没有生病或受伤，这种可能就会存在。假设淘汰的猪在淘汰前没有生病或没有受到伤害，并采食了应该采食的饲料量，但这种假设也可能不正确的。遗憾的是，我们无法知道猪真正的生长速度或采食量，除非采用单独饲喂站以校正误差。出于这一原因，在大量的实验动物被淘汰时，收集到的数据将不可避免地发生偏差。

6.3 试验结果的诠释

应仔细检查原始数据以确保无误。一个有用的方法是随机地选择一头猪或一个猪圈，并手动完成所有计算；这将能确保电子表格或数据库得到正确的计算。另一个有用的方法是绘制数据的散点图，以便可视化地鉴别出异常值。然而，如果有独立证据表明观察结果不正确，例如在数据收集时记录的日志中有一条记录显示测量不正确，那么异常值只能丢弃。

在涉及动物的任何试验中，动物死亡或生病动物的安乐死可能会发生。如果一部分处理的动物死亡或淘汰频率要高于另一部分处理，我们应该对其进行记录和标注。

6.4 试验报告

无论研究结果以研究报告形式还是期刊论文的形式提交，实际上撰写本章是本书的目的之一，就是希望改进和规范研究成果的报告方式。当人们对文献中的研究结果进行荟萃分析（meta-analysis）时，这种需求最为迫切，因为遗漏任何信息都会导致荟萃分析结果出现偏差。本节我们将力图找出应该被纳入研究报告中的关键信息，以便可以对在不同国家的不同研究机构进行的研究进行比较。

6.4.1 引言

通常，引言应该简要介绍人们对感兴趣主题的当前认识，并说明这项研究对于提高我们认知的重要性。有人提出，引用的参考文献应尽可能是最新的。

当我们在引用文献时缺失了最新的或与之高度相关的出版物，读者可能会怀疑研究人员在进行此项研究之前他们自己是否掌握了该研究的最新进展。引言还应明确提供该研究的指定目标，并陈述将要测试的假设。如前所述，说明研究目标是特别重要的。

6.4.2 材料和方法

以下是任何文稿或报告中的材料和方法部分应该包含的一个信息清单：

- 动物伦理
  - （如果有的话）应提供当地动物保护委员会所批准协议的细节。
- 动物描述
  - 基因型
    - 确定实验动物来源的母本和父本，或家禽的家系。
  - 年龄和体重
    - 如果猪在"断奶后"开始试验，应提供细节。如果动物在试验开始之前有时间适应断奶，该细节也应提供。断奶 3 d 或 4 d 的猪与在断奶当天开始试验的猪是不同的。
    - 应该清楚无误地提供猪或家禽的体重。
    - 在进行母猪试验时，需要注明母猪的胎次。
  - 性别
    - 应该规定猪的性别；如果所有动物不是同一个性别，应该介绍它们是如何被分配到试验的各个处理中的。
  - 选择
    - 试验是否选用整群动物中可用的猪或家禽，或者从中选择一小群动物以使实验动物有更大的均匀性？
      - 应该解释所选动物的代表性，因为选定的子群可能与总的可用群体表现不同。
      - 选择猪或家禽的标准是什么？是基于年龄、体重还是预先测定的性能？
    - 这些猪或者家禽是否在以前的试验中被用过？如果被用过，那么以前的试验性质是什么？这些猪在处理间是否以一个可以预防由先前的日粮处理引起的偏差的方式进行了平衡？
  - 健康状况
    - 在试验过程中，有关猪群或鸡群健康状况的一些描述有助于解释研究结果。
    - 对任何免疫接种计划的详细说明也将有所帮助。

- ■ 如果动物进行了药物处理，这也应明确说明。
- ■ 还应记录因病或者因伤治疗动物的数量。
- 圈舍
  - ○ 应明确说明猪或家禽的饲养设施，包括饲养密度、猪圈或鸡笼的规格以及每个处理的猪圈/鸡笼数。
  - ○ 应详细介绍饲喂器，以便让读者了解这会如何影响动物的生产性能。这可能包括每头猪的饲喂空间或每头猪可用料槽的长度。它还包括该饲料是否通过干式饲喂器或通过干/湿式饲喂器以液态的方式饲喂。
  - ○ 饮水的供应也应进行详细说明，包括饮水器的类型以及每圈或每笼的饮水器数量。
- 日粮组成
  - ○ 表格应提供所有试验日粮的原料组成以及与此研究主题相关的营养成分信息。
  - ○ 应分析与研究目标直接相关的日粮信息，并将分析结果写入报告中。例如，氨基酸研究旨在测定某一种氨基酸的需求，酶研究的目的是评估酶的作用效应或作用模式，或者如果我们要评估某一原料作为猪或家禽饲料的可行性，则需要检测其化学组成。
- 饲料供应
  - ○ 饲料以什么形式提供？
    - ■ 粉料或颗粒料；如果是后者，要说明粒度的大小。
    - ■ 还应提供玉米、小麦、大麦、豆粕、DDGS、菜籽粕等主要成分的粒度大小。混合饲料的粒度大小价值有限。
  - ○ 如何向猪提供饲料？
    - ■ 自由采食还是定量供应？
      - □ 如果不是自由采食的，应该说明确定每日饲喂量的方法。
- 饮水的供应
  - ○ 如果使用流量计测量动物的饮水量，那么它是否足够准确以便提供有用的数据？流量计是否进行了校准？
  - ○ 如果用流量计测量动物的饮水量，那么浪费的水量如何计算？
  - ○ 如果与研究的主题有关，应提供饮水的化学成分。
- 环境
  - ○ 应该注明研究进行时所处的季节，以及试验进行过程中设施内温度的平均值和范围。
  - ○ 最好注明试验开始和结束的日期。
  - ○ 在进行环境应激研究时，湿度也需注明。

- 收集数据
  - 如果进行称重（体重、饲料重等），秤是如何进行校准的，以及多长时间校准一次？
  - 如果从商业屠宰场收集胴体数据，那么如何保证收集的数据有效？在高速运营的屠宰生产线上，有时难以确保每头猪都能够记录到其正确的胴体数据，除非我们采用了某种有效的方式。
  - 如果采集血液或组织样本，请解释采样方法，并详细描述如果样本不立即进行分析是如何储存的。
- 实验室分析
  - 应明确说明所有分析程序，以便能对分析结果进行合适的解释。对于特定的化合物或元素，我们通常可以采用多种测定方法；例如，可以通过凯氏定氮法或通过燃烧法来测定饲料、粪便或尿中的氮。应提供每种测定的说明。
  - 应注明测定的可接受的差异水平。例如，1％的 CV 可能是某一测定的可接受差异水平，但 5％的 CV 可能是另一个测定可接受的差异水平。
- 统计

    总体来说，统计方法的说明应该足够详细，"以便让知识渊博的读者能够利用原始数据来判断其适用性，并验证报告的结果"（ICMJE，2015）。
  - 必须规定试验单元。
  - 应该明确说明各个圈舍的猪或家禽的分配方法，以及各个处理圈舍的分配方法。
  - 如果猪/家禽或猪圈采用区组设计法，则应该进行标记，并解释设计方法。
  - 试验是否采用完全随机设计、完全随机区组设计，或其他设计方法？
  - 获得的数据是否属于正态分布？如果是，请提供有关方法的详细信息。
  - 说明所使用的统计模型以及所用的软件。
    - 详细说明模型中所用的因变量和自变量。
    - 如果可行，请详细说明平均分离的使用方法。
    - 详细说明所用的回归模型，并解释为什么选择它而不选择其他模型，如线性、二次、立方、指数，等等。
    - 如果选用协方差分析法（ANCOVA），则请详细说明协变量。
  - 应注明实际的 p 值，而不是 p 值的范围，如 $p < 0.05$ 或 $p > 0.10$。
- 经济效益分析
  - 如果进行了经济分析，则应该注明所用的假设，并且应明确解释计算方法，以便读者可以重复分析。

- 经费
  - 应提供研究资金来源。

这还存在一定的争议。以猪的生长研究为例，读者通常更喜欢选择相同的结束体重而不是相同的结束日期。如果相同的结束日期导致了各处理在最终体重上出现差异，这就难以推算出准确的相同体重。既然大多数猪都是以预期的体重进行销售的，根据日期或者动物年龄而不是体重终止的研究往往不能满足大多数读者的需要。

6.4.3　结果

报告的结果部分不需要描述每一个测量结果。这些结果将在相关的表格和图中报告。相反，它应该侧重于试验的重要成果——要么是那些与试验目的相关的重要结果，要么是那些读者可能感兴趣的意想不到的发现。当呈现这样的结果时，所有差异的论述应该与特定的 p 值相关联，而不是指定一个范围；例如，应该是 $p=0.045$，而不是 $p<0.05$。

报告中的表格和图应该能够在不参考正文的情况下正确解读。因此，可能需要注释来解释处理组以及试验的其他方面。表格不仅要包含处理组的均值，而且还要包括每一个结果的标准误（SEM）和相关的 p 值。如果每一个表格都包含了试验单元的数量，这将是非常有意义的。图应该包括有关统计分析方法的足够信息，以便能够解释标准差、p 值，以及如果使用了回归分析方法，则可以解释描述拟合度的值。

简要说明研究所用动物的整体表现将有益于结果部分。例如，解释这个特定研究中的猪或家禽相较于该设施的标准情况表现如何，这是很有用的。如果死亡率和/或发病率是研究的重要成果，则应该进行适当的统计分析。无论如何，死亡率或发病率似乎与具体处理有关，即使此结果出乎意料，也应该报告。

6.4.4　讨论

讨论是整个报告中能够分辨出这是一篇优秀报告的部分。它通常会讨论一些在其他地方或者以往在同一研究机构中已完成的相关研究中的某一试验的主要结果。然而，既然报告的作者是在最有利的条件下对结果进行讨论的，那么他们应该"更深入地挖掘"这些试验结果，并且形成对该试验结果的叙述，寻求在更广泛的背景下并且以一个期望的作用模式来解释这些试验结果。与结果部分不同，作者是站在一定的高度去演绎其对试验结果的解释，当然，假如他们能对自己的论点提供一致的科学支持。事实上，读者很欣赏这种有深度的讨论，作者会被认为在这个课题研究方面比绝大多数读者更博学。

作者会在讨论部分引入相关的文献来拓展和巩固自己的观点。重要的是要引用最新的相关文献，不然研究本身的有效性会遭到质疑。

6.4.5　结论

结论部分应直接反映研究目标，简明扼要地说明该目标是否能够实现，并且以什么方式实现。当然，根据试验得出的任何结论都应该得到数据的充分支持，这一点是至关重要的。

6.4.6　文献引用

引用的文献应该是最新的且应相当全面。未经审核的文献应避免使用，或尽量少用，因为这样的文献比已经审核过的文献缺少一定的科学性。

6.5　总结

一个试验的成功，需要正确的设计，有一个预期的且明确的目标，需要高效和精细地执行，需要正确地分析和解释，并清晰易懂的呈现。在试验的计划过程中，最重要的步骤是制订一个清楚简明的目标，同时提出一个基于现有最新科学发展动态的假说。制订的计划也包含根据研究目标对试验设施的情况及其承载力的评估。一个正确的统计方法在试验开始前就需要准备好，以确保数据能够得到正确的解释，也能确保可以从已有的数据中提炼出尽可能多的信息。出于确保试验所用动物的福利，动物保护标准必须要建立并得到执行，同时也可确保能够得到高质量的数据。在任何试验中，数据的完整性是最关键的，并且可以通过详细地计划、注重信息的准确度和精确度、明确规定试验过程并对试验的所有参与人员进行培训来实现。应对试验日粮进行分析，以确保其得到了正确地加工生产，同时确保根据试验方案加入目标营养物质/成分。当研究完成时，要仔细检查数据，避免在收集和录入过程中出现差错。一旦利用合适的统计方法完成了数据地正确分析，最终的报告就可以着手撰写了。报告要高度详细，不仅可以使读者们能理解试验的本质，而且如果读者有需求可以进行深入地演绎。这可能包括在荟萃分析（meta-analysis）中将类似主题的多个试验结合在一起，这本身要求仔细定义和解释每一个研究的所有方面。在这种情况下，特定研究的价值会被放大。最后，试验报告应该包括一个缜密的讨论，以帮助读者把本试验的结果纳入现有文献中进行分析，同时还希望能分享对作用机制的更深入理解。当试验结果的作用机制被搞清楚之后，新技术就可以在不同牧场条件下得到最有效的应用。

科学界正在以许多不同的方式发生着变化；私有研究机构正发挥着更加积

极的作用，私有研究机构和公共研究机构之间的合作正越来越普遍，便捷的全球通信促进了远程的协作。所有这一切，在研究上带来了激动人心的变化——这些改变会提高研究的质量和深度，并能够加快其在商业实践中的应用。然而，如果没有经过充分计划以及在最终的报告中清晰且全面表述的初始研究，那一切都是"纸上谈兵"。

（金立志、殷跃帮译；金立志、吴兴利、潘雪男校）

7 拓展文献的价值：全息分析法的数据要求以及结果的解释

M. R. BEDFORD[1, *]**和 H. V. MASEY O'NEILL**[2]
[1]英联 Vista 饲料原料有限公司，马尔伯勒，英国；
[2]英联农业有限公司，彼得伯勒，英国

7.1 引言

每一篇科学论文都是针对特定的主题，为待验证的假说提供相关的信息。大多数论文的涵盖范围比较窄，因为其目的是控制变化的所有来源，从而归属于目标变量/处理的变化可以被分离出来，进而进行检验。理想情况下，每一篇新的论文都能产生能够充实当前知识库的信息，其中一些（出类拔萃的）论文则能使该领域的知识有质的飞跃。

多数情况下，在任何给定的试验中，对一系列处理的反应会受到多种已知或未知因素的影响。那些已知能够影响反应的因素应该处于可控状态，或至少是有规律的；而那些未知的因素仅仅会引起文献中数据的变异。实际上，许多"未知"因素在许多独立试验中实际上可能已经进行了测定，只是仅仅未能被认为会对观察到的反应产生一定的作用。在这方面，对文献中所有信息进行数据驱动型评判（data-driven reviews）可能有助于对此类因素的梳理。

问题是，科学文献的数量浩瀚。在谷歌学术搜索中输入"家禽营养"关键词，搜索到的结果可超过 50 万个。即使使用特定的主题，如肉鸡的蛋氨酸需求，搜索到的论文数量也是如此之大（超过 5 000 篇），以至不可能对所有数据进行有效的利用。因此，没有哪一位科学家能够完全客观地解释与一个特定主题有关的所有文献。事实上，大多数综述都是作者或所选论文作者的主观解释。

对文献的客观评论应该基于现有数据库的数值上的而不是主观上的分析。

---

* Mike. Bedford@abvista. com

由于此类评论带来的价值，它们在动物营养中的作用越来越明显；然而，这正是多年来医学文献领域的一个基本特征（Rosen，1995，2001a，2001b）。如上所述，在一个给定反应的试验中，此类数据驱动型评判可以很好地发现那些会影响给定领域中的反应但在任何已完成的独立试验中未得到验证的作用或者因素。以在家禽日粮中添加球虫药对饲用植酸酶应答程度的有益影响为例（Rosen，2001b）。虽然没有独立的试验进行抗球虫药物对植酸酶功效影响的研究，但研究人员可以使用全息分析法（holo-analysis）对所有与植酸酶相关的文献进行分析后找出这种影响。来自此作者的另一个实例表明，如果非淀粉多糖酶不是从 1 日龄开始饲喂的，那么酶的应用效果会显著下降。后来的数据也证实这种影响是真实存在的，在动物一生中使用酶能提高它们的生产性能（Cardoso 等，2014）。应当指出的是，在此类综合分析中，所有可用数据都考虑使用。尽管基于将越来越清晰的原因，我们将在本章中讨论全息分析法，但本章讨论的原则也适用于荟萃分析（meta-analysis）法。

7.2　全息分析——基本要求

全息分析法有别于荟萃分析法，后者更倾向于对那些被认为适合加入此分析中的数据制定严格的标准（Rosen，2006）。荟萃分析的优势在于这种预筛选通常会产生一个更为同质化的数据集，因此，生成的模型往往更集中且也更精确。例如，在 Letourneau-Montminy 等（2010）有关研究钙、磷和植酸酶对肉鸡生长性能影响的综述中，使用的数据集仅限于研究曲霉属植酸酶且使用剂量小于 2 000 植酸酶单位（FTU）/kg、日粮则局限于玉米-豆粕型日粮（没有其他蛋白和谷物来源）、反应指标仅局限于采食量、增重、饲料转化率（feed conversion ratio，FCR）和胫骨灰分含量（%）的试验。数据来自 1996 年至 2005 年发表的论文——共 8 篇论文，涵盖了 15 项试验的 203 个处理。与此期间所有与植酸酶在肉鸡上应用有关的 1 000 多篇论文相比，这种方式显著减少了参与分析的论文的数量。很明显，这样一个严格的标准导致在海量的数据中仅有一小部分数据可用，但所生成的模型与所解释变化的比例和所产生的误差项强相关，即拟合度（R^2）和均方根误差（root-mean-square error，RMSE）。这类模型的局限性在于它们在各种条件下对反应的预测能力受到所使用数据集的变化限制。另一方面，由于其具有包容性的特性，全息分析法往往得出不精确的模型，但这种模型能够适用于如同文献中一样宽泛的各种条件。也许正是因为全息分析法具有这种特性，使得其更适用于"现实"条件。如前所述，这种策略可以生成能够预测效果的模型，但这种效果还没有在任何一篇论文中检验过，因此，这些模型可以极大地拓展原始论文的价值。因此，很显然我们无须进行进一步的动物试验，就有机会掌握某一领域的更多信息。然而，在收集、选择、利用和分析全息分析模型所用文献中的数据时，我们需要考虑一些标准。这其中的大部分内容已经由 Rosen（1995，2001a，2001b）讨论过了，但为了完整性，我们将在本节后面讨论全息分析法的一些关键点。

7.2.1　对数据进行全息分析时需要考虑的因素

7.2.1.1　数据收集

全息分析的作用是对自变量（处理、饲料、品种、环境和饲养管理等）因子对目标响应变量的贡献率和相互关系进行量化，并表达在操纵所识别的重要变量时能够预测此类反应的意图。科学文献可以提供一个大的数据池，从中可以挖掘出测试数据，以及希望预期的模型能够为我们的目标领域提供一些深入的见解。最初需要解决的问题包括最初的数据收集阶段。由于搜索策略对关键词的选择不当而且作者所用的题目、关键词和摘要等不当或不准确，所用的搜索标准可能会漏掉一些出版物。因此，如果发表的数据想要被别人充分利用，那么题目和所选关键字的清晰性是至关重要的。

数据一旦收集完毕，接下来的挑战是确定分析所需的变量。所收集变量的特性无须事先设定；事实上，当"所有可用变量"收集完毕时，与目标变量的一些令人惊奇的关联就已经能被确定。因此，即使在分析中这些变量的效用不被认可，仔细分析一些出版物中的样本数来确定从每一篇论文中收集到的变量的宽度也是有意义的。分组建议见表 7-1。这些建议与文献中的数据尤其有关，它们在细节上可能更为有限。然而，该列表可能更为宽泛，尤其是商业性收集的数据。

表 7-1　对全息分析法可能有价值的数据组列表

组　别	示　例
荟萃数据	作者、国家、年份
动物基本信息	品种/品系、日龄
饲养管理	光照程序、圈舍类型、饲养密度
基础设施	饮水器类型、饲喂器类型
饲料和营养	各日龄组的饲料配方、营养组成
结果	饲料转化率、体重、绝对采食量或相对采食量

数据收集阶段面临的一个挑战是确保所输入的数据无误且有意义。显然，识别和剔除重复数据对于防止特定数据集的偏差或不当的加权是至关重要的。重复数据的检测经常因为重复出版物之间数据上的细微差异而变得更加困难，

但如果此分析要具有代表性，则必须剔除它们是非常重要的。该数据"有意义的"特性与每个研究中所采用"材料和方法"细节上的一致性有关。虽然人们已经给一般的科技论文提出了若干个基本指南，例如，家禽科学协会指南或更多的基本指南［如"黄金标准出版物清单"（Hooijman 等，2010）］或适用于生物医学研究的 ARRIVE 指南（Kilkenny 等，2010，2014），但是在文献中，人们却鲜有遵循这个原则。再者，期刊制定的基本准则可能不足以让试验可以重复，更不用说纳入系统评价了（Hooijmans 等，2010）。在一项针对 271 篇主题为实验动物的生物医学研究的论文调查中，只有 13% 的论文提及动物的体重和日龄（Kilkenny 等，2009）。尽管特定领域［如饲用酶制剂（Rosen，2006）］也存在很多特定指南，但很明显这些指南鲜有参考。因此，某些已知关键变量对给定因素反应的影响细节并不完整。在以往的研究中，Rosen（2000）已经尝试直接联系论文作者获取论文缺失的细节，但这样做既耗时又不能保证可以提高数据集的质量。此类情况的一个实例是饲用酶制剂的数据集。在大量的出版物中，饲用酶制剂产品和/或酶活性单位没有遵照标准的方法命名，这意味着我们无法对这些产品进行鉴别和分类。在 Rosen（2000）的实例中，他指出不同来源的酶产生了 252 种不同的酶活性描述信息，只有极个别被认为符合命名法。当前的报告数量仍旧显得不足。通常，人们使用通用名或地方术语，如"半纤维素酶"或"戊聚糖酶"，不能有意义地定义所用的酶。将数量如此巨大的酶进行更有意义的编组简化，在随后的分析中，将不仅在生物学关联性和准确性方面而且在减少"酶"这个变量中的变量个数方面会取得明显的改进，这样生成一个重要模型的可能性将变得更大。最重要和最引人注目的问题是鉴别目标酶的来源，即转录酶的基因以及拥有该基因并产生此酶的菌株。源菌株（source organism）和产酶菌株应该是报告中最基本的信息，因为两者（特别是前者）会影响酶的特性，进而可能会影响酶的功效。实际上，这或许还不够详细，因为此源菌株常常会产生多种具有所描述活性的同工酶，且这些同工酶差异巨大。通常情况下，所用的酶制剂不是纯品，含有来自产酶菌的多种次要活性的酶，这些酶可能与目标酶有关或者无关。在某些情况下，如果主要酶活已经确定，这些次要酶可能与公布的主要酶同等重要。确定是否存在次要酶是一项挑战，另一个挑战是即使公布存在次要酶，但是没有它们的活性单位也就是说和结果的潜在关系。即使有完全有用的且国际公认的方法，酶活性测定单位本身就存在局限性，用替代方法或者一些未公布的方法取得的数据几乎没有价值。特别是当还没有尝试在已确立的专用分析之间提供一个明确的转换因子时更是如此，这种混淆严重限制了后续分析法提取目标酶活性的能力，尤其是在确定最佳剂量和产品对照方面的能力。

虽然以上的例子可能看似是酶数据库独有的，但是原则是任何研究都应该以一个可被重复的方式提交，否则它就不能称为是原则。如前所述，不准确的、相互矛盾的和有缺陷的报告意味着该试验不能被如实地重复，当然全息分析法中应用的数据会受到严格的限制（参考下文"变量的选择"一节）。所有目标产品命名不当或不遵守命名原则的领域都会很容易在之后的分析中受到类似的限制。报道中的益生菌、益生元、精油、植物提取物、霉菌毒素吸附剂及其他许多饲料添加剂在报告中的命名都存在不一致的情况，因此，它们都可能会从遵循更为严格的命名原则上受益。

7.2.1.2　数据存储和组织格式

数据存储的方式是很重要的，因为它会影响数据被应用的难易程度。电子表格或简单的相关数据库就足够了。在准备分析时，与大多数数据一样，数据以线性方式输入，电子表格中的每一行表示与一种处理结果相关的信息。推荐的表格形式见表 7 - 2。输出结果或目标自变量应该以绝对指标的公制单位的方式表示，例如饲料转化率。Rosen（2000）首先指出，每一行数据应该代表与对照相比的处理效果而不是所有处理的绝对生产性能（含对照组），以这种方式输入的数据将会获得一个更为稳健有效的模型，但拟合度（R^2）较差和均方根误差较大（如表 7 - 3 所示）。在考量对照组和试验组之间的差异时，人们总是把对照组的生产性能作为一个重要的变量纳入模型中，因为它是给定日龄或体重的试验中动物生产表现的一个测量值。

7.2.1.3　数据的筛选

数据一旦被筛选出并输入到恰当的数据集中，第一个挑战是确定其真实性。在大多数统计包中，第一步是简单且详实地绘制每个变量的分布，在大多数统计分析软件中这是一个非常简单的过程。每个变量的均值和标准差都是有用的描述统计，分布图还会给出一个最早的暗示——数据是否呈正态分布以及数据集中是否有明显的异常值。还必须确保这些数值彼此正确对齐。一个实例是，在体重列中确认 21 日龄的体重数据，类似确认 42 日龄体重数据一样，这可能会向 42 日龄体重的分析中引入了一个明显的错误，但并不一定会在一个简单的分布检验中被检验出来，原因是"体重"列中有不同"年龄"的体重数据，而这些数据没有按"年龄"排序。

对于（离散的或名义上的）类变量，按字母顺序分类和排列列表有助于方便地发现错误输入的变量。像一个简单的拼写错误等问题会产生两个或更多个离散且截然不同的变量，但只有一个变量是预期想要的，这会对分析产生巨大的影响。以添加剂的名称为例，把葡聚糖酶（glucanase）误写成"glucannase"（单词拼写错误），就会被认为它们是不同的产品。

应谨慎剔除异常数据。一般来说，动物的生产数据较简陋，但是数据的价值很高，因此，必须在绝对清楚数据是错误的情况下才能将其剔除。人们通常

表 7 - 2 全息分析法的数据推荐格式

资料来源	国家	品种	处理	试验开始日龄(d)	试验结束日龄(d)	垫料	饲养方式	42 日龄累计饲料转化率	42 日龄体重(kg)
Smith 等（2015）	英国	罗斯 308	A	21	42	刨花	笼养	1.70	3.00
Smith 等（2015）	英国	罗斯 308	B	21	42	刨花	笼养	1.72	3.00
Jones 等（2016）	美国	科宝 500	A	1	42	刨花	地面平养	1.68	3.20
Jones 等（2016）	美国	科宝 500	B	1	42	刨花	地面平养	1.70	2.80

表 7 - 3 当每一行的数值表示试验组与对照组对比的效果时全息分析法中数据的推荐格式

资料来源	国家	品种	处理	试验开始日龄(d)	试验结束日龄(d)	对照组 42 日龄饲料转化率	42 日龄累计饲料转化率	与对照组相比饲料转化率变化百分率	饲料转化率变化
Smith 等（2015）	英国	罗斯 308	A	21	42	1.80	1.70	0.10	5.56
Smith 等（2015）	英国	罗斯 308	B	21	42	1.80	1.72	0.08	4.44
Jones 等（2016）	美国	科宝 500	A	1	42	1.70	1.68	0.02	1.18
Jones 等（2016）	美国	科宝 500	B	1	42	1.70	1.70	0	0

有一种倾向，即会将与平均值相矛盾的数据剔除，但是剔除这些数据会限制数据集的变差，并可能会导致后续的模型无法检测到一些数据的相关性。与之相反的案例是，只需要极少的几个错误数据就可能会显著降低产生一个有效模型的可能性，或者确实可以提高生成错误模型的可能性。因此，由于模型的质量取决于数据的质量，我们应该在检验数据质量方面投入大量的精力。

7.2.1.4　模型中变量的选择

在变量的数量有限制的情况下，判定哪些变量是因变量和自变量是一项非常简单的工作。此时，在多数情况下，我们已经知道特定的自变量与特定的因变量是相互关联的，唯一的挑战是确保自变量在拟合模型时彼此间不相关。还有可能的情况是，看起来可能是自变量的变量但实际上不是。例如，因变量是否真的可以利用"自变量"计算出来？我们已经在已经审核过的数据中发现了这一点，应谨慎应用。例如，对饲料转换率、体重等来说，欧洲生产效率因子（European production efficiency factor，EPEF）值就不是严格意义上的自变量，只是习惯上用于计算。在这个实例中，两个变量都很可能是因变量，因此这些变量可能不包含在模型中，但这个原则仍然适用。

如果存在大量的变量，那么面临的挑战就是找出哪些是最重要的变量。当数据库较简单时，应考虑用尽可能少的变量生成模型。原因有两个：第一是为了避免过度拟合；第二是考虑实用性和相关的解释。有多个变量的模型，特别是变量间存在交互作用，就很难直接应用。虽然该模型能够对数据库进行相当合理的解释，但是包含多个变量且这些变量存在交互作用会降低模型对特定变量反应的一致性，从而使有实效地理解或应用变得非常困难。因此，鼓励对潜在的变量进行初步筛选，并还应该尽量只挑选那些彼此不相关的变量。在主成分分析中，包含所有的变量是一种同时实现筛选所有变量并进行相关性检验的方法。被确定为相同主成分的变量应该被认为是相关的，因此与被选为潜在变量的该主成分是高度相关的。如果因变量在主成分中，并且它的相关度高，则应选择同一阳性对照组（positive control，PC）中相关度最高的自变量，因为顾名思义这显然与因变量有关。由于上述原因，我们对商业数据集的经验表明，主成分的变量数量最好控制在10个或更少，以限制模型的范围。在这种情况下，当修订和选择目标自变量时，应该注意到同一主成分中的其他自变量。原因是这些剩余变量不会被用于建模，因为它们与所选的变量有关。然而，所选择的变量可能不是成因，因此可以作为剩余变量的代表。例如，许多日粮氨基酸彼此相关，因而只能选择一种。从统计学的角度来看，选择的氨基酸可能是蛋氨酸；然而，从生物学的角度来看，最相关的是赖氨酸。在这种情况下，有统计学意义的自变量可能会被在生物学或商业上相关的变量所取代。在几个案例中最首要的是，优先选定与生物学或商业相关的变量而不是根据统计原因选择的变量。

可能还要进行多变量分析，以确定哪些变量能用于特定的模型中。那些与因变量相关的变量立即被视为自变量。如果有相关的自变量，那么使用同一个多变量分析来筛选要使用的自变量。通常，如果几个自变量相互关联，那么与因变量有最高相关性的自变量应优先考虑，其余的自变量则舍弃。然而，值得注意的是，在许多情况下，变量的生物学或商业价值应该考虑在内。在某些情况下，与因变量相关性最高的变量也可能被舍弃，而选择与自变量几乎无关的变量，因为这些变量对模型的使用者更有意义。

进一步的考虑是，上述过程非常适用于选择与因变量线性相关的自变量。在大多数情况下，将所有潜在的自变量与因变量的对比描述出来是非常有价值的，以确定自变量与因变量之间是否存在明显的关系，这种关系似乎更多的是基于一种多项式或非线性关系。尽管这看起来是一个费时的过程，但我们发现在许多情况下这有着巨大的价值。当变量是以此为基础选择的时，它们将需要在构建模型之前进行相关性检验，就像上文描述的方法一样。显然，当明显的关系得到确立时，接下来的挑战是识别并随后确认所选变量的恰当术语（例如，二次方程、非线性、对数）的确可以预测后续模型中的因变量。

7.2.2　如何建立理想的模型

简言之，理想的模型是一个能够描述数据集中绝大部分的变化（即有较高 R^2 值）同时又具有一个较低误差项进而能使任何预测值都有较高可信度的模型。理想情况下，此模型包含许多有真实因果关系的变量，但是这种因果关系永远无法从此类数据分析方法中得到证实。相关性并不能说明存在因果关系，因此模型必须得到相应的解释。例如，在美国缅因州，人造黄油的销量与离婚率之间存在着高度显著相关，R^2 值为 0.98（Fletche，2014）。然而，这不意味着人造黄油销量与离婚率相关。这显然是一个巧合，但这对所创建模型的解释是一个警示。

接下来要考虑的问题是无论数据集的大小，它可能仍然是现有总数据库（即 $n=$ 整体）的一小部分。因此，如果所有数据可用，生成的模型只是对可能要生成的模型的一个简单估计。因此，该模型的稳健性（robustness）需要加以考虑。稳健性是一个术语，它指模型可以用于尚未被发掘的数据的能力。实际上，一个稳健的模型能够准确地预测数据集的绝对值，此处 $n=$ 整体，但几乎难以使用全部的数据。在实践中，稳健性是模型随时间的推移其效应的一种测试。例如，如果将利用本年度数据生成的模型应用到明年的数据中，并且发现有一个类似的良好的拟合度，那么这个模型就可以被认为具有一定的稳健性。一个真正稳健的模型不会随着模型中变量或数据增加后系数的变化而变化。现代统计工具允许通过将到目前为止收集到的全部数据随机分成独立的数据池进行稳健性检验：一个是用于生成该模型的数据池；另一个或更多的随机数据库是用来检验所生成的模型是否是原始数据库的一个理想的预测模型。用标准统计方法描述首个数据池的模型可以在（多个）备用数据集上验证，以确定所选变量在它们的系数相乘时是否能够根据这些剩余的检测数据子集来准确预测自变量。如果生成的模型稳健，那么根据所有数据集生成的模型的 R^2 值和误差项都是非常相似的。我们强烈推荐采用这样的验证过程，因为它相对容易生成一个能够对整个数据集进行合理解释的模型，但是它很难生成一个稳健性的模型。数据集的多寡将决定这种方法的成功率，因为许多数据集太小，不能分割成测试数据集和验证数据集，但仍然有足够的数据可以生成一个理想的模型。

生成一个理想且稳健的模型所需的数据点取决于手中的数据集。如果手中的变量足够生成一个模型，数据越真实（几乎没有错误），则需要的数据集越少。需要考虑的最重要的因素是，数据集中的变量是否在自变量的预测中发挥了一定作用。了解影响目的反应的潜在机制有助于为该模型筛选变量。例如，人们认为空气质量会影响每一个肉鸡群的生产性能（Beker，1980；Beker等，1995；Donaldson 等，2004），因此，空气质量的一些衡量指标将是令人满意的变量，提供给生产性能模型。遗憾的是，根据我们对商业数据的使用经验，想从每个农场获得这样的信息几乎是不可能的。因此，生成一个"理想模型"所需的数据列数取决于数据集本身。在某些情况下，由于没有与因变量评估相关的自变量，因此，再多的数据库都不能生成一个有意义的模型。另外，用于生成模型的数据库需要有一定数量的行，实际上至少需要 100 条或更多的数据才能生成一个合理的模型。Rosen（2003）指出，20 个数据点只适合添加剂功效的首次合理评估，50 条数据点是建立会影响反应的关键变量的最少数据数量，需要数以百计或者更多的数据方能建立可靠的模型，并能够根据此模型做出商业决策。这清楚地表明，生成一个"理想模型"需要有一个最小数量行的数据，并且这确实表明，如果随着时间的推移模型不会因数据的增加而演变，那么一个稳健的模型就被建立起来了。

7.2.3 模型的类型

有许多不同类型的模型可以用来研究自变量和因变量之间的关系。我们的目的是确定哪些自变量对目标结果影响最大，并决定哪种输入变量的设定会产生最佳的输出结果。

7.2.3.1 线性模型和二次模型

最常用的模型是以线性为基础的（有时还会扩展到二次），而且就算不是模型中全部的但至少部分线性项之间存在相互关系（Rosen，2002；Hooge 等，2010；Letourneau-Montminy 等，2010；Sales，2014）。一些调查的确证明了模型中没有其他因子时处理和对照之间的差异。如果只考虑线性关系，则模型相对较容易拟合和解释。同样，模型中的术语越少，就越容易理解。然而，如果只考虑线性估测，很明显最优输出结果（即因变量的最大值或最小值）将始终处于每个自变量的一个极端或另一个极端。事实上，对于与自变量仅仅有线性相关的变量，必然的结论是，因变量会随着该变量的增减而不断改进。线性模型不可能预测到最大值或最小值。由于数据在这些极端情况下存在局限性，在该数据集范围内实现的最大输出结果也将产生一个非常大的置信区间。如果所应用的范围足够宽，大多数生物系统在它们对给定自变量的反应上不是线性的，因此，不建议将模型扩展到数据集之外。

有人认为，如果对变量线性增量的反应按渐近线的方式增加或减少，然而一旦达到最大值或最小值就出现下降，那么对多个自变量来说，执行二次项模型是明智的（Letourneau-Montminy 等，2010；Siegert 等，2015）。这种关系可以被认为是那些在过量饲喂时会产生毒性的营养素其生物学效应的一个合理的评价。分配一个二次项的难度在于，该关系假设以一个对称的方式从两侧接近最大值或最小值。换句话说，随着自变量——剂量——的增加，生产性能向最佳水平靠近的速率与达到最佳水平之后随着剂量的增量生产性能远离最佳水平的速率别无二致。在这方面，此类关系的生物学合理性需要慎重考量，因为许多营养素都可以提高动物生产性能，并使其达到最佳水平；然而，随着剂量的显著增加，生产性能仍可能保持在这个最佳状态。如果动物能够排泄或重新分配多余的营养物质且对自变量几乎没有的影响，那么这种情况将会出现；但是，这仅仅在排泄或解毒过程开始影响目标因变量之前。建模需要考虑的另一个问题是折线或折线二次模型，它们将在本书第 2 章中详细介绍。这些模型假设，一旦达到渐近线，则因变量（在自变量变化范围内）不会进一步增加或减少，因此这类模型要考虑上文提到的这些点。这些模型的线性和二次版本仅仅在解释此最佳水平是如何能够实现的方面存在差异。

7.2.3.2 非线性模型

考虑到此类模型应用的生物学相关性，现有的有许多非线性模型可以使用，并且也有许多需要考虑的类似问题（Sauer 等，2008）。相对于上文讨论的折线模型，指数模型和渐近线模型需要加以考虑。此类模型需要注意的地方是，它们在自变量的剂量为无限大时达到最佳状态，因此，当增加自变量的剂量并超出了"正常"范围后，这类模型不仅计算不出最佳水平而且生物学相关性也会下降。这类模型在生物学上一开始就存在缺陷，因为自变量和因变量之间不存在生物学关系，因此连续增加自变量也没有任何效果。一些特定模型，如 Gompertz 模型，是专为描述特定关系建立的，且应当首先优于其他已有所有模型考虑。然而，模型的外表生物学相关性显然并不意味着其统计学相关性可以被忽略。如果该模型不能很好地拟合数据，应考虑用其他模型替代，同时此模型的作者应考虑为何在此种数据集的情况下该替代模型有更强的相关性。

7.2.3.3　分区模型

无论是简单的还是更复杂的变量，分区模型，例如随机森林法（random forest）或提升树算法（boosted tree），无疑值得考虑，因为它们允许用简单的方法将似乎是不同的建模类型合而为一。该数据集以改进的统计拟合为基准被相继分割，根据这种分割方式，任何变量与该自变量之间关系的形态可能是线性的、二次渐近线的或是最低极限的。所建"线性"模型的拟合程度取决于引入模型的数据集数量。此类模型还能够隐含地识别分析前几乎不可能预测的变量间的相互作用。就这一点而言，分区模型的输出结果在线性模型和非线性模型的选择上应该能够帮助确定哪些变量、函数和交互项（如果有）应加以考虑。

7.2.3.4　神经网络模型

在处理动物生产性能数据甚至预测原料养分含量时，神经网络法在建立具有最高 R^2 值和最低误差项的模型上通常是一种最成功的方法（Perai 等，2010；Savegnago 等，2011；Mehri，2013）。神经网络法的问题在于选择的节点数量太多且它们之间有关系，以至常常不清楚所选的设置是否已经到达了最合理模型的要求。事实上，更糟糕的是，即使是设置已经确定，尽管每次运行得出的解决方案是唯一的，但再次运行模型也会得出不同的解决方案。除此之外，在对输出结果参数化上会遇到的困难要求该解决方案可以用于探究自变量和因变量之间相互关系的电子表格中。其他所有形式的模拟都能相对容易地被转录到显示该输出结果的其他介质中，这常常是许多分析的终点。

7.2.4　建模的注意事项

一般来说，当人们考虑将所有数据用于分析时，就像全息分析法中的情况一样，所生成的模型很难得到一个 R^2 值和/或一个误差项，如同利用数据经过高度筛选的荟萃分析驱动式模型获得的这些值一样令人印象深刻。简单地说，全息分析法仅用来辨别和量化有助于目标结果的变量，对此模型贡献最大的因素通常在分析之前是未知的。例如，如果收集文献综述是为了确定哪些因素有利于提高 21 日龄肉鸡体重，那么相关论文的选择标准是非常广泛的，因而数据集也是很宽泛的。这并不一定是有利的，因为此分析有些类似于一个调查过程，而且在海量的论文中可能只有几个变量可以生成一个重要的模型。

然而，当应用全息分析法来研究添加到日粮中的特定营养素或添加剂的效果或价值时，其优势在于大多数试验可以获得与目标添加剂相关的信息，并可能记录了未添加的对照组动物的生产性能。后一种观点使此类研究在试图导出一个模型方面具有明显的优势，因为通常最大比率的变化是用对照组动物的生产性能表示的。迄今为止报道的大多数模型属于第二类，并且对照组动物生产性能的重要性和存在性几乎是通用的。如果数据集收集了，并表达构建一个可以描述所选变量效果的模型的意图，那么加入一个目标添加剂或营养素的剂量变量是非常可取的。但是，情况并非总是如此，因为该变量与那些可疑的或的确重要的变量同样重要。例如，Rosen（2000，2002，2003）的几个模型都提到过，在肉鸡增重或饲料转化率上，所用酶制剂的剂量变量在描述此反应上并不是同控制动物生产性能一样重要的变量，也不如与添加剂本身无关的其他指标。例如，对于肉鸡增重，向日粮中添加脂肪比提高酶制剂剂量能起到更大的作用。其他因素，如年龄、生长阶段、品种和日粮营养浓度等，都能影响目标自变量对生长性能的反应。简而言之，待研究的添加剂或者营养素在收集到的数据中，在描述动物生产性能方面绝不是最重要的影响因素，即使是全息分析法中所收集到的数据来自为了调查所关注影响因素而设计的试验。这就强调了需要确保每一篇论文报告尽可能多的与日粮和管理相关的信息，因为在描述对被研究的变量反应方面，这些变量是否重要并不总是能够事先知道。

从文献中获得理想模型的最大限制是缺乏与所介绍试验的一致性（Kilkenny 等，2009）。如果结合了许多不一致的自变量，结果是只有极少的数据可用于构建模型。例如，可能有 500 条数据可供分析，每条数据都有输出变量（例如：饲料转化率）。如果年龄会显著影响饲料转化率，并且被包含在模型中，但是它只在 400 条数据中有报道，那么该数据集就会缩减到这 400 条记录。假设教槽料中的赖氨酸含量也是重要的，仅有 400 条数据，而且如果所有这 100 条缺少年龄的数据与赖氨酸的数据条不一致，那么报道饲料转化率、年龄、赖氨酸的数据就仅剩 300 条了。数据的这种减少是如此的真切，而且会显著影响分析，特别是如果一个模型考虑多个自变量的时候。舍弃某些自变量并限制自变量的总数通常是留下足够数据以检验模型的唯一方法。在该作者近期的一个实例中，一篇有 113 篇参考文献的文献综述产生了大约有 1 000 条数据，由于这些原因，可用数据缩减至不到 50 条。其结果是，在生物学上可能极为重要的自变量因为鲜有报道而被忽略了。如前所述，这是因为在原始论文中鲜有报道，并且强调发表论文需要有最低的标准（Hooijmans 等，2010；Kilkenny 等，2014），这样不仅能使此研究可以重复，而且还能有利于事后的分析。

7.2.5　结果与解释

全息分析法由于能够改变重要输入变量的剂量或水平，其巨大的价值在于能对反应进行量化。例如，如果已知赖氨酸的成本和胴体的价格，了解肉鸡的屠宰率与日粮赖氨酸水平之间的关系后，能让用户来判断最佳经济回报。如果该模型已经确定该反应的其他贡献因素，那么即使是更大的价值也可以获得。例如，日粮能量水平，它也可能会改变氨基酸水平和屠宰率之间的关系。如果我们在此模型中捕获到多个高成本变量（如：磷水平、其他氨基酸水平，包括添加剂），它甚至将会提供更多的价值，因为这些输入变量中的每一个在成本上都能够且的确可以独立改变。因此，即使模型本身不变，优化目标输出变量所需的这些输入变量（包括赖氨酸）中每一个变量的水平将会随着时间的推移而变化。最佳模型并不总是直观的，特别是该模型中的自变量间有多个交互作用。理想的情况是，一个理想的模型是根据所有成本最高的营养素和管理投入而构建，这样就可以获得最大的效率和最低的成本。问题是，首先，尽管这些投入具有商业意义，但文献并不经常记录它们；其次，它们在模型中并不总被认为是有价值的（这本身会影响高水平使用此类变量）。未来的研究应该保证商业价值和学术研究的一致性，以确保人们能在学术研究领域发现商业上有意义且成本高的投入。

本章的重点是讨论文献中的数据在全息分析法中的实际应用，这些方法同样适用于从商业生产条件下收集的数据。许多大型的商业性畜禽生产公司在种畜场、肉鸡场、蛋鸡场、饲料厂以及在饲料配制时收集数据。通常，这些数据是单个收集的，即单个数据集。然而，如果这些数据收集后能进行校准排列，这样养殖场中动物的生产性能能够与种畜、饲料加工厂和饲料配方建立关联性，那么全息分析法就可以应用于所生成的扩展型数据集中。如果品种、饲料配方、生产方式和饲养管理过程对最终的屠宰率有显著的影响，那么要找出这些影响此扩展型数据集显然是不可或缺的。

这种做法有两个显而易见的好处。首先，收集的数据与商业公司自己的生产条件有关，因此，生成的模型都适用于该公司，可能在某种程度上是量身定做的。例如，其他任何公司都不可能与之拥有相同的原材料、配方、饲料加工工艺、饲养管理条件和成本。因此，利润的优化或成本的最小化可能会决定只适合这家公司而对其他公司无效的一系列条件。简而言之，利润的最大化最大可能是利用本公司的数据而不是文献中的或通用的性能数据来实现的。其次，如果数据是实时收集的，那么所生成模型的稳健性可以以一个相对频繁的方式进行检验；并且随着时间的推移，当模型在补充更多的数据后，则能够产生更新的更好的预测值。考虑到中型或大型商业性公司产生的数据量，无须花多长的时间就能使手头的数据集在宽度和深度上远超过由所有相关文献资料中的数据组成的数据集。例如，在许多变量中，商业饲料厂能够在其他许多变量中记录饲料配方、产量、每吨饲料的能耗、调质时间和温度、制粒温度和温升、冷却条件，而科技论文则很少记录这些变量。如果以上这些因素中的任何一个不是通过影响日粮营养素的价值就是通过影响日粮的生产成本来影响最终的盈利能力，那么这种关系应该很快被建立起来，并且设置饲料加工的条件以优化总体盈利能力。此外，数据越完整有序，上述优化过程就越流畅，使得即使针对庞大的数据集，这种分析变得相对简单，并且容易形成常规的做法，从而几乎每分钟都能够进行优化。

现今，利用商业生产数据，通过一组如此广泛的输入变量（即从原料选择，到饲料生产，再到饲养管理）来优化动物生产性能是可行的，但还有待在学术研究项目中得以体现，因为这实在是一个值得深思的问题。因此，有一种说法是，全息分析法可能不适用于学术文献中的数据集，而更适用于由商业性公司产生的海量数据集。也许，正是从这个专题开始，由于从田间的经验性数据中发现了有趣的联系，研究的主题将应运而生。无论全息分析法用于哪个领域，如果坚持"数据的质量决定输出结果的质量"的原则，其前景必然是光明的。

（封伟杰译，张淑枝、邵彩梅、刘世杰、刘文峰、潘雪男校）

8　研究数据的报告与发表

D. LINDSAY*

西澳大学，珀斯，澳大利亚

8.1　论文的发表并不是研究的终点

本章将讨论研究数据的报告和发表，可能也是本书的最后一章。但是，研究数据的报告和发表应该是在设计试验时我们最先要考虑的事情。研究人员往往在试验完成后才开始考虑研究数据发表的事情。结果，在想要令人信服地提交研究结果或明确解释研究结果时，他们发现自己陷入了不必要的困境。事实上，也许可能有人会说，做试验的唯一理由就是要将结果写出来，让其他人（科学家或者非科学家）都能够看懂并接受其影响。这是因为书面文件是研究人员可以阅读的唯一可行的媒介，但是只有极少一部分人可能对他们的发现和推理感兴趣。

然而，由于文字对研究过程描述的重要性，研究人员在设计试验时问自己以下这样的问题是明智的，像"如何尽可能有力阐述这些试验数据？"和"阐述最可信试验结果含义的方式是什么？"。这些问题的答案往往会影响试验进程、所用的方法和研究的变量。

当然，在试验的计划阶段不会有任何结果；那么如何周密计划出你想要的而实际不存在的结果呢？精心计划的试验与精心策划的写作相融合会得到令人满意的研究结果。当然，在设计试验时是没有结果的，但是如果有充分合理的假设（第一章中提出的），你肯定会有一个你所期望的、貌似真实的期望。期望的结果是你在计划你的报告和解释时所考虑到的。随后，如果你发现可能会出现的潜在困难，你可以调整研究计划来应对这些问题。这将减少科技论文作者经常会面临的诟病，如"如果早意识到……就好了"和"为什么我没有考虑到……呢？"。

---

* david.lindsay@uwa.edu.au

但是，这仅仅是开始。我们稍后会看到，假设将在组织论文中发挥更大的作用，使之易于读写。

8.2 科学的风格——被戳穿的神话

毫无疑问，英语是科学实际上的语言；在被用于计算引文索引的近一万种期刊中，97％的杂志是用英语撰写。几百年前的第一批科技论文可能是用拉丁文撰写的（是一种已经"灭绝"的语言），或者那些用英文撰写的论文充满了源于拉丁文的复杂而生僻的词语。这就确保了每一位阅读过这些文献的人意识到，作者来自智力优于普通大众的出类拔萃且博学的阶层。这种古老的思想元素一直延续至今，许多人认为（糟糕的是，人们常常被这样教导）良好的科学英语不同于日常交际时所使用的盎格鲁–撒克逊（Anglo-Saxon）语，且比后者更为复杂。然而，世界上大部分且越来越多的科学家其母语并不是英语。因此，对他们来说，要阅读号称"旁征博引的原文"（erudite text）已经是项艰苦的工作并且足够糟糕了，同时不得不用这种方式撰写的想法几乎让人崩溃。事实上，甚至许多母语是英语的科学家也承认，这就是为何他们在想到要不得不发表其研究成果时变得胆怯的原因，因此，他们将自己的研究成果束之高阁。

请看以下两种表述：

一个能够协同作用改善宿主健康的益生菌和天然成分（如益生元、非特异性底物、植物提取物以及微生物代谢产物）的组合大有发展前途，并且在安全食品实践领域使益生菌的使用打开一个新的局面。

将能够产生协同作用的益生菌与天然成分（如益生元、非特异性底物、植物提取物和微生物代谢产物）组合在一起可能是一种新的和有发展前途的能使食品更安全、动物更健康的使用益生菌的方法。

这两段话都试图表述同一件事情，但第一段话的最后部分增加了与主题几乎无关的范围和领域，显得有些画蛇添足。没有这些，此第二段显得更直接，更易阅读。

最合适的科学风格是朴实无华的、简单的英文，越清晰，越简单，则越好。这就是你和朋友聊天时用来解释你工作的那种语言。总之，在撰写报告时，你应该时刻想着你的读者，把他们当作自己的朋友。这样就可以了，但是在撰写研究论文时，是否有必须严格遵守的规则呢？

是的，有三个原则。第一，写作必须严谨。如果表达不够严谨，则就不够科学。第二，写作必须明确。模棱两可或晦涩的表述可能会误导读者，这也不是严谨的科学风格。第三，写作必须简洁。所有不必要的词汇都会增加读者在阅读时感到困惑的风险。在上面的例子中，我们通过去掉 6 个可能会引起混淆的词语来压缩句子，从而改进了这一点。对于未来的科技论文撰稿人来说，好消息是除了严谨、明确和简洁之外，没有其他原则。当大多数作者开始意识到这一点时，他们如释重负，可以比想象中的能够更加自由写作——就像和朋友聊天一样。

值得提醒的是，每一个科学领域都有其准确且专业的术语，这对其他领域的科学家或普通人士来说可能是陌生的。上面的例子有几个这样的术语。这是该领域的准确用语，因此使用其他更熟悉但不准确的词语是完全不能被接受的，且也不能被优秀的科学写作所接纳。然而，能够将这些术语结合在一起编写成一句切合实际的句子的词汇，是那些需要根据它们的简洁性和不可混淆性进行选择的词汇。

8.3 讲一个生动的科学故事

写作的唯一理由就是有人阅读它，这适用于所有形式的文学作品，包括科学文献。当然，还有许多其他的原因迫使科学家写作，比如丰富其简历（CV）或提高声誉，取悦政府，以此获得新的结果或观点，或是虚荣心，或是以此为傲。但是，写作的主要目的是让尽量多的人阅读你所写的内容，理解并受其影响。这意味着你是为读者而写，而不是为自己而写。因此，能够写出优秀科技论文的关键是了解什么内容是能够促使读者想要去阅读你写出的东西。毋庸多说，主题应该是优秀的科学内容，而且必须坚持严谨、明确和简洁的原则。但是，你的论文要从每年数以百万计的论文中脱颖而出，那么它必须超越这一点。需要讲一个生动的科学故事。本章后面的大部分内容都是关于如何成功地做到这一点的。

一般来说，科技论文提交数据，在特殊领域中或在一个更为广泛的背景下出于推动知识的目的讨论其更深层的含义。

许多论文做不到这一点。然而，如果处理得当，这些相同的数据及其含义可能成为一个引人入胜的故事的素材，至少能确保该领域的读者会迫不及待地去阅读。把单纯的数据编写成一篇令人注目的科学故事其关键是让读者心存期望。也就是说，读者希望其中涵盖着他们感兴趣的内容，才会去阅读下一段文字。Gopen 和 Swan（1990）在"科技写作的科学"一文中首次提出科技写作期望的概念。他们在文中概述了如何使用"读者的期望"使语句间彼此流畅，并且不让读者在阅读时感到疲倦。简言之，他们建议语句绝不能以新的词汇开始，而是以前句中已经被人熟知的词汇开始。这能使读者预想到句子将会表达的内容，并将其与已知的知识联系起来。

如果将 Gopen 和 Swan 在句子水平上的写作理念贯串整篇论文的写作中，我们就能让读者在探究下一段的内容时避免感到疑惑，而是期望发现些什么。那么，该论文将会成为一篇介绍科学故事的文章，使读者成为知识的探索者，而不是信息的吸收者。这些论文将会成为能使读者轻松阅读、清楚理解以及引用自如的文献——所有这些都是你想要提倡的特点。因此，当你在撰写论文的每个章节时，你应该有两个目标：第一个是提供与该章节相关的信息，第二个是在接下来的章节中给读者一些期望的内容。像这样做好充分的准备，读者将会比如果他们在没有做好准备而必须将新的概念整合起来的时候更为迅速且更有逻辑地获得新的信息。

8.4 编写科学故事

大多数科技论文的结构都遵循"IMRAD"格式：
- 标题。
- 引言。
- 材料与方法。
- 结果。
- 讨论。
- 参考文献。

一张包含了 20 条建议名为 ARRIVE（动物研究：体内试验报告）的清单介绍了在描述动物试验时这些章节应该包含的内容（Kilkenny 等，2010）。它由一组杰出的科学家组成的名为 CONSORT（译者注：临床试验报告的统一标准，consolidated standards of reporting trials，CONSORT）的小组汇编而成，他们对提高科技论文的写作质量做出了回应，鼓励作者在报告试验时不要遗漏对试验完整性至关重要的信息。这份清单使用方便，因为你不想因为意外的遗漏而使论文被拒。即使拥有完整的数据，但是它也不能确保你可以利用该数据编写成一个可信的科学故事。

因此，让我们看看你如何根据这些 IMRAD 标题撰写论文，集中在两个方面：每一部分应该包含哪些内容以及如何为下面的章节作好铺垫。你会发现，这种方法通过确保你的论文（和更重要的是读者的思维）不会受到不相关材料的干扰，以及使你的文章表达流畅，从而使写作简化。

8.4.1 标题

8.4.1.1 标题应包含的内容

很多人可能会阅读你的论文标题，但只有少数人才会阅读论文的其他部分。因此论文的标题起着极其重要的作用，并且其首先是确保读者通过标题获得该论文的准确信息。

想象一篇论文的标题"一种饲养散养鸡的新方法"。它可以是一种新的饲养方式，或是一种特殊的补饲方式，或是一种新的饲料组成，或是一种新的饲喂器设计，或是任何能想到的方式。对于一位工作繁忙的读者来说，这对提高其阅读此论文的兴趣不是很有帮助，他可能是这些领域中的某一或其他方面的专家，但对其他领域并不感兴趣。让读者自己找出论文的主要部分，仅是去寻找是否对其感兴趣，这足以迫使读者完全放弃阅读这篇论文。为了避免发生这种情况，仔细考虑论文的关键词，并确保所有重要的关键词都出现在标题中。事实上，不包含所有重要的关键词，标题不可声称能够准确描述该研究。例如，上面标题包含的"方法""饲养"和"散养鸡"毫无吸引力。相反，通过在标题中加入重要的关键词，你就有可能写出一个优秀的标题。但这仅仅是基础，你还需要进一步引导读者不怕麻烦地开始阅读。

8.4.1.2 为读者做铺垫

假设我们设计了一只在一天的特定时间能够自动打开且能刺激散养鸡采更多饲料和长得更快的饲喂器，那么这肯定可以写出一篇生动的科学故事。要确保读者不会因为上面那种枯燥乏味的标题而忽视它。你可能会认为论文中最重要的信息是饲喂器的设计（换句话说，你所想传递给读者的新信息是材料和方法），或者也可能是生长率提高10%（结果）的事实，或通过使用这种新设备，在散养系统中养鸡可能在经济上更有吸引力（讨论）。作为研究者，你可以决定哪些是重点；作为作者，你应该确保读者能被醒目的标题所吸引。

重要的关键词可能与你选择想要强调的信息类似。这些关键词包括：散养鸡、定时饲喂器（timed-access feeder）、生长速度、采食量、散养系统的经济价值和补饲。然而，你可以通过简单调整所用关键词的顺序来强调你所选择的方面。在一个像标题这样的独立的语句中，读者会无意识地认为语句开头的几个词语比中间或结尾的词语更加重要。

例如：

- 为了强调此饲喂系统："自动定时饲喂器可以增加散养鸡的采食量和生长率"。
- 为了强调生长："使用自动饲喂器可增加散养鸡的采食量和生长率"。
- 为了强调可能的经济价值："使用自动定时饲喂器可提高散养鸡的经济价值"。

这些都是"限定性标题"（Siso，2009），力求用几个精炼的词语对论文做出一个简短的摘要，包含最重要的信息，而不是仅仅指定进行该研究的所在领域的"指示性标题"。"限定性标题"比平淡无奇的标题或甚至像"自动定时饲喂器对鸡采食量和生长率的影响"这样老套的标题更能吸引忙碌的读者。

8.4.2 引言

8.4.2.1 应包含的内容

有关科学写作的书籍建议引言应该包罗万象。它们包括一些模糊的建议，如：

- 详细说明研究的范围。
- 详细说明存在的问题。
- 确定差异。
- 提出研究目标。
- 概述研究背景。
- 提出将要回答的问题。
- 提供该研究的来龙去脉。
- 解释研究背后的理论。

当然，应该涵盖以上所有这些内容，但是能涵盖到多大程度呢？如果依次有条不紊地将每个部分展开，可能很快会占用很大的篇幅。为了避免拖沓，就必须聚焦。这样可以充分利用假设，把试验背后隐含的思想与写作联系起来。利用文献和现有的信息彻底证明所提出的假设。这些文献和信息是引言的重点。现在你可以果断地决定是否采用或删除有助于支持假设的信息或文献。你的引言会比原来的简短，但这并不是坏事。简洁总是受到尝试节省杂志版面的编辑和希望以最短时间从论文中获取信息的忙碌读者的赏识。你将只有一个简单的目标找到比你时刻惦记在描述事情或引用文献上能够达到多大程度时更加容易的写作方式。

8.4.2.2 为读者做铺垫

除非读者关注研究背景信息，否则提供背景信息就是浪费时间。引言必须给出在设计试验时你所期望的发现。对几乎所有的试验状况而言，你的假设就是你所期望的结果。试验之前，假如能够从所有的资源上获得该信息，你在理论上的预测结果将会实现。换句话说，引言正在将在设计试验时你已经做的或应该做的想法用文字准确地表达出来。因此，你可以把引言看作是开展研究前推理的一种规范和记录。当开始写作时，你应该对它很熟悉，并且几乎不需要引入你所不熟悉的材料。实际上，有时这并不像它看起来的那样简单，因为将想法详细而准确地落实在纸上的规则，往往会让你注意到最初的推理在逻辑上的漏洞与缺陷。这就是为什么写作应该是试验过程的一部分而不仅仅是研究完成后的一个附加部分的原因。

因此，引言的目的是让读者从中发现你所期望的内容，更重要的是你所期望的结果让读者产生一系列的疑问，并期望随后在文章中找到答案。像这样的问题，"作者设计一个试验来检验他的预测能否获得支持？""当我看到这个结论时，是赞成还是反对这个假设？""作者作何解释呢？""支持与否会得到什么样的结果呢？"，这些问题都会不自觉地吸引着读者搜寻信息。不仅如此，而且读者将会从你的角度看待这些信息，因为他们拥有相同的推理过程。这就可以确保论文的剩余部分（方法、结果和讨论）行文流畅，并让读者易于理解。

创造能使故事表述流畅且能够引导读者的期望，其理念不局限于科学写作，期望除了使用假设还可以通过其他方式激发。优秀的动物营养研究人员在讲述他们的科学故事时充满着自豪感，因为他们已经能够把假设作为试验方法的基础了。有了这个假设，他们在安排上就掌握了描述和解释其研究的完美方法，而不用再费心思。合理的假设不仅能够向读者（以直接明确的方式）展示该研究为什么要这样做和促使这样做的必要背景，而且能够以最合乎逻辑和科学的方式完成这一研究。

让我们来看一个例子。Hesselman 和 Åman（1986）研究了 β-葡聚糖酶在大麦型肉鸡日粮中的使用效果。如果他们因循守旧，在引言中仅提供一个宽泛的研究背景，引言的简短摘要就像这样（但实际不是）：

- 大麦是全球肉鸡日粮中的一种重要的谷物原料。
- 在瑞典，大麦的使用量每年超过 300 万 t（瑞典的统计数据）。
- 大麦富含淀粉，可提供能量。
- 淀粉在肉鸡上的消化没有详细的文献记录。
- 这是最早研究淀粉在肉鸡中的消化率的试验之一。
- 我们的目的是测定在是否添加 β-葡聚糖酶的情况下，高黏度和低黏度的淀粉在胃肠道不同区段的降解情况。

这是一个没有假设的引言，而是通过一系列相关性不大的碎片信息提出了一个目标，这些信息提供了微不足道的或者还要在文章的其余部分去搜寻的期望。大麦是瑞典的一种重要谷物，年产 300 万 t 也不足为奇，我们可以在世界的任何地方找到大麦，它对我们编写科学故事不太可能有帮助。事实上以前没人关注过这些。像这样的引言在很大程度上是无关紧要的，但是这种情况在科技文献中时常发生。

实际上，引言的摘要更应该像这样：

- β-葡聚糖酶可以提高大麦的饲用价值。
- β-葡聚糖酶可以破坏大麦胚乳的细胞壁。
- β-葡聚糖酶使淀粉更易在胃肠道内消化。
- 在大麦型日粮中添加 β-葡聚糖酶可以改善肉鸡的生长和饲料转化率。
- 非大麦型合成日粮（无细胞壁）中的淀粉更易在肉鸡小肠前段中消化。

- 我们假设，由于淀粉在肉鸡小肠前段中能够被更好地吸收，添加 β-葡聚糖酶能够提高动物的生产性能。

这个引言提供的所有信息都是相关联的。作为读者，应该知道作者期望发现什么，也知道自己该期望什么。随后，当读到论文的相应部分时，通过作者在引言中特意设置的期望，我们可以评估他们是如何去做的、发现了什么以及是如何解释这些的。

目的是什么？目的本身并无问题，因此我们可以在第一版中添加几乎隐晦的目的：

- 我们测定在是否添加 β-葡聚糖酶的情况下，高黏度和低黏度的淀粉在肉鸡胃肠道不同区域中的降解情况。

这个目的不再隐晦了。第六个假设是前面 5 个要点总结的合理结果。

8.4.3　材料与方法

8.4.3.1　应该包含的内容

优秀的材料与方法应该给那些既是读者又是拥有该领域很强专业素质的研究人员提供丰富的信息来重复该试验（如果他们有这样做的意愿）。这意味着简洁而准确地描述你做了什么、如何做到的以及又如何在化学上、统计学上或以其他方法进行分析的。

然而，请牢记，大多数读者在通过一篇论文搜寻资料时，并不会很有耐心地阅读本节。一些医学科学的杂志已经意识到了这一点，它们将材料与方法移至论文的结尾，并以比论文其他部分略小的字体印刷，好似这一节仅是此论文的附录。当读者第一次阅读一篇论文时，结论和讨论部分会更吸引眼球。但是，如果读者发现论文中有感兴趣的内容，他们常常会返回材料与方法这一部分并仔细阅读，以判断该研究完成得是否得当，或者使他们熟悉对其来说是陌生的方法。出于这个原因，你可以通过巧妙地提出有意义的标题来介绍材料与方法的详细内容，以增强读者的第一印象。仅仅通过阅读这些标题，他们可以迅速且全面地了解试验步骤和所用的主要资源。之后，他们可以通过阅读标题以后的章节获得详细的信息。

例如，在一个有关环境因素能够改变小麦营养价值的试验中，Choct 等（1999）在材料与方法中使用了这些标题：

- 表观代谢能（AME）测定。
- 干物质、总能和 AME 的计算。
- 可溶性和不溶性非淀粉多糖。
- 淀粉。
- 氮。

- 统计分析。
- 伦理考量。

快速浏览这些副标题能让一位缺乏耐心的读者在 1～2 s 中了解一个已测定的最重要因素的大致轮廓。然而，读者还无法从这些标题中了解到小麦样品的来源或这些样品在家禽上的测试情况。即使这些信息是详尽的，但你能够确定两个以上的标题将会提高随意阅读的读者对此论文的兴趣吗？

- 试验设计和家禽。
- 小麦样品的来源。
- 干物质、总能和 AME 的计算。
- 可溶性和不溶性非淀粉多糖。
- 淀粉。
- 氮。
- 统计分析。
- 伦理考量。

现在，我们从这几个词语上可以知道，这是一项利用家禽测试了一系列不同来源的小麦的营养组成的试验，采用两种方法测定小麦的能值，测定其淀粉和非淀粉成分以及氮的含量。所有这些都是按照伦理要求进行的，并进行了统计分析。一幅多么简洁明朗的画面啊！

你不必为了介绍自己的研究而东拼西凑。通常情况下，一些试验方法、分析方法甚至材料已经被其他作者使用过和描述过。如果这是事实，你只需要参考首次描述此项研究的论文。如果你的研究与早期的研究类似但并不完全一致，那么请参考那项研究并指出你研究的不同之处，例如"修改了 Bloggs (2013) 的技术方法，我们用……取代了……"，给读者留下这样一个"伏笔"，如果他们想重复试验，可以节约不必要的笔墨和篇幅。

8.4.3.2 为读者做铺垫

撰写材料与方法并不需要在像引言和讨论部分中必不可少的许多逻辑和推理。材料与方法主要是描述实际情况，且通常是不连贯的，这就是为什么标题对引导读者是非常重要的原因，因为他们从一个小节转到另一个小节。因此，大多数作者认为材料与方法比较容易撰写，并且通常通过最先撰写它们来建立自信。然而，也有一些不是很重要的注意事项。

首先，介绍的次序要正确。从所使用的方法开始，特别是试验设计、实验动物和试验场所，最后是试验材料。在读者看到化学试剂、分析方法和试验设备之前，他们需要对试验的方式有个大致的了解。

其次，你可能必须开发一种适合你试验的方法。有两种选择：如果撰写论文的主要目的是介绍和验证该方法，那么在材料与方法部分进行描述，并在稍后的结论部分介绍验证结果；另一方面，如果设计该方法是为了另外的目的，那么在材料与方法部分描述该方法和验证的结果，不要让不属于科学故事部分的数据干扰你的结论，进而干扰读者的思路。如果你对这两种选择中哪一种最适合你的方法持怀疑态度，那么就请看看你的假设。如果验证的结果仅仅表明它是一种合适的方法，但不能提供数据来证实或反驳该假设，那么请在方法一节中对此进行介绍。

8.4.4 结果

8.4.4.1 应该包含的内容

将本节视为论文中唯一只包含结果的部分。这就意味着，这部分不包含讨论，没有引言，没有材料与方法，也没有别人的结果——只是你自己的研究结果。这也意味着你的结果应该在这部分被客观、无偏见或无任何评论地提出来。科技论文应不存在偏见，评论应放在讨论部分。

然而，客观性并不是自然而然地意味着枯燥乏味。就你的故事而言，不是所有的结果都同等重要。有些结果对科学故事至关重要，而有些则不重要。有些结果甚至会分散读者的注意力，干扰故事的主题。在你撰写结果之前，你可能并不能确定哪些结果是真正重要的结果。但是，在论文完成后，你和读者都需要非常清楚地知道哪些结果是真正重要的，否则结果部分将会变得非常枯燥乏味。

因此，你需要一种有效的方法来确认哪些结果是重要的，哪些不是。这也是假设再次发挥作用的地方。在引言中，假设会告诉读者你的试验预期会有什么结果，所以当读者第一次开始阅读你的结果时，他们会将所读到的结果与预期相比较。毫无疑问，结果中最重要的部分是那些可以提供证据使你能够（尽可能清晰地）说明你的假设得到了支持或被否定的部分。与你详细阐述和慎重证明的假设没有任何关系的结果，是那些你必须质疑究竟是否将其包含在内的结果。

需要注意的是，这并不意味着要排除可能与支持你假设的结果相冲突的不合适的结果——通常被称为"选择最好的"结果。所有与假设有关的结果都是结果中的一部分，最终的故事必须对影响你得到明确结论的任何问题进行解释。一方面，如果你测量了一些与该假设无关的变量（因为你有机会这样做），但是没有任何新意或者不同凡响的地方，就不要考虑它们。它们可能只干扰重要的结果，进而干扰读者的思路。另一方面，这些次要结果偶尔也会是新颖的、有趣的，不过它们不是故事主体的一部分。在这种情况下，如果你不展示和讨论它们，你可能会感到遗憾。重要的是要谨慎展示和讨论，以免影响读者期望阅读的主要故事。

8.4.4.2 为读者做铺垫

展现最重要结果的最有效的地方就是开头部分——紧靠着标题处，结果部分。将它们放在那里，那么你正在做两件重要的事情。你在对读者说，"请看，这就是我的发现，是不是很棒啊？"，并且确保读者能够立刻被你在引言中故意在他们脑海中埋下的好奇心所吸引。不要忽视了这个机会，因此，许多作者在开始写结果时会解释相关的琐事，如：试验中突然出现的异常情况，或遗漏的情节，或天气的细节，或可以表明动物正常的测试值或其他相对次要的信息。即便它与主题相关，也应该放在后面。

然后，尽可能按重要性的降序方式列出所有与假设相关的数据，必要时接下来列出偶然获得的与假设无关但认为读者会感兴趣的结果。通过这种方式，你将向读者传达从试验中收集到的证据的相对重要性。你的结果部分将具有明暗色彩，而不是似乎是一大堆同类事实和数字，这可能会吓到最热忱的读者。

你可以通过图文并茂的方式来进一步帮助读者理解。所有结果必须用语言表示，大多数科技论文都含有图表。其中的黄金法则是文字与表格应该都是不解自明的；也就是说，读者不需要同时阅读这两者，然后才能理解任何一个想要表达的观点。我们使用表格和数字来表述，因为用这种方式表达的数字比嵌在文字中的数字更容易阅读。但是，以这种简便形式展示的数据，我们又该如何将描述这些数据的文字处理得最好呢？表 8-1 显示了一个假设试验的结果，比较了 4 个本地鸡种连续产蛋天数和蛋重的结果。

表 8-1　4 个本地鸡种连续产蛋天数和蛋重的平均值和标准差（SD）

	品　　种			
	Red Runner	Blue Peter	White Pecker	Brown Clucker
平均产蛋天数（d）	10.4±1.6[a]	9.6±1.9[a]	9.2±1.0[a]	10.7±2.3[a]
平均蛋重（g）	38.2±4.1[a]	37.6±3.7[a]	51.3±3.2[b]	38.9±2.9[a]

注：标注不同字母的同行数值差异极显著（$p<0.01$）。

该表列示了精确且全面的数据，足以自行读懂，而无须诉诸文本。表格的标题描述了该表的内容，行表头和列表头清晰明确，并且包含了度量单位，脚注概述了主要的统计信息。现在我们需要在文本中写些什么呢？我们可以重复这些数据，但这不仅是不必要的重复，而且还会使嵌在文本中的数据极不便于阅读（这就是为什么我们首先把数据放在表格中的原因）。作为科技论文的作者，我们的义务始终是严谨，但列出了精确数据的表格已经履行了这项义务，并让我们从中解放出来，履行了文中的第二义务，即清晰表达。现在，我们能够清楚地表达我们想让读者从数据中读取的内容。因此，一个比较合适的文本可能是：

4 个鸡种的平均产蛋天数差异不显著，但是在蛋重上 White Pecker 鸡种比其他 3 个鸡种高约 25%，且差异极显著（表 8 - 1：$p < 0.01$）。

事实上，25% 这个数字不是很精确，但是基本接近，在讨论部分谈论这些结果时，整个陈述精确包含我们希望读者记住的内容。让文本和表格以这种方式相互补充，而不丢失科学的完整性，鼓励读者跟随故事的思路，而不是试图解答为什么要看如此大量数据的疑问。

8.4.5　讨论

8.4.5.1　应该包含的内容

讨论在字典中的定义是"就某个主题进行对话或辩论"。许多作者似乎只理解了这个定义的表面含义，所以导致他们的讨论平淡无奇且无重点，论述之间零散且冗长。为了在科技论文中写出一个出色的讨论，该定义必须至少从 4 个方面加以改进。

第一，这是你科学故事的结尾，所以它必须是针对你的研究结果而不是其他人的结果进行讨论。你必须将自己的研究结果放在最前面的位置且以其为中心；换句话说，不要说你的研究支持或否定了 Smirch 等人的研究结果，而是要说 Smirch 等人的研究结果与你的研究结果一致或不一致——你自己的研究工作才是重点，而不是其他人的。

第二，像结果部分一样，你需要在讨论部分按重要性的降序方式对所有观点进行排序。像结果部分一样，重要的观点都应该是与假设相关的，这些观点仍然是你的重点；与假设的相关性越强，这些观点就越重要。如果你想讨论与假设无关的观点，请仔细考虑是否值得提出来。就故事而言，它们会分散读者注意力，因为它们偏离了主题；因此，它们最好有助于消除其将会导致的主题偏离的问题。当务之急是，在讨论中，你必须将观点的这种优先顺位清楚地告知读者，实现这一目的的一个简单的做法是按降序的方式用论据构筑讨论部分。

第三，在讨论部分提出论据后不给出结论肯定会让读者失望。每个讨论点都必须有归纳总结。引用大量文献并选择你的结果而不回答最重要的问题"会怎么样呢？"的陈述在科技论文中毫无价值。这样的陈述只会让读者感到困惑，且通常会引发气愤和不满。有时你可能不会得出一个令人满意的结论，如果这是因为你没有足够的证据，你可以照实说；但是，通过总结仍需要什么样的证据以及可能如何设计一个试验以找到此证据对读者而言是大有裨益的。它可能不是一个天大的好消息，但它也可以帮助读者了解该领域在你写作时候的真实情况，并萌发出未来研究工作的思路。如果能够做到这样，这种结论也非常有价值。

第四，编辑们对讨论部分最常见的抱怨就是篇幅太长。有两种方法可以避免出现这种情况。首先，除非可以在讨论的结尾得出有用的结论，否则决不讨论。第二，删除对科学讨论没有多大帮助的材料。例如，告诉大家你是首次得出这些观点的人会增加你的自豪感，但这对于科学观点来说很重要吗？你正在讨论你的结果，所以没有必要在整个讨论部分不断地说"我们的结果表明……"或"我们的结果分析显示……"。我们可以认为读者已经读过你的结果。不必再重复，或者只重复对引入一个新的讨论主题有必要的观点。当然，不要重复试验方法或者引言中的段落。

8.4.5.2　为读者作铺垫

笔墨是宝贵的，所以不能浪费。通过使用分段方式来锻炼自己写好讨论来帮助读者理解。段落的形式并不是为了科学写作而发明的，但它或许就是为科学写作发明的，它也的确适合科学写作者达到写作目的。要简单地完成写作的双重目标并确保读者能够按照你的推理读完论文，分段写作是一个极好且相对容易的写作方法。

常规段落由三个部分组成。段落的开首语（或主题句）会告诉读者该段落或写作版块将要讨论的问题。段落的核心是一个句子或者通常是一组句子，用来形成论据和主题。段落的最后一句是总结句，顾名思义，它总结了最初写该段的原因。这三个部分正是提出充分推论的科学论证所需的组成部分。恰当地使用，你可能决不会被指责说的是废话。

举例说明：只需研究上面的一段话。第一句话就说本段讲的是关于段落的构成。最后一句说"之所以这么做的原因？"；结论是你可以用段落的方式清晰、简明地书写讨论，中间的句子告诉你为什么我能得出这个结论。

因此，在把讨论作为一段文字书写出来之前，先在纸上或者白板上列一个提纲。仔细考虑你应该讨论的主题。然后，更仔细地考虑每一个主题将会得出的具体结论。如果你觉得还没有结论，那么根本不要提出该主题。如果你不提它，也不会缺少什么，讨论部分反而会更清晰，特别是其他更明确的主题会因为缺少了这个主题而更加突出。然后，决定主题的顺序主要取决于它们与全文主题——假设——的相对密切程度，只有在遵循逻辑的原则下改变该顺序才是明智的。

现在，你可以更加自信地坐在电脑前，因为已经有了讨论的大纲和按照合理顺序排列的已知数量的段落，并且每一段落的首句和末句都已写好。有了这个大纲，你会发现写一个完整而紧凑的讨论变得更加容易和快捷。在每一个段落中，每一个你想写的内容和每一个你引用的参考文献都可以用两个简单的准则来判断："它与第一句中的主题是否直接相关？"和"它能否在段落的最后一句中得出结论？"。如果你想写的内容不符合这两个准则，请将其删除或者放在另一段的相应位置。如果它符合这些准则，你可以安心地写下去，因为我们知道你的写作直接且重点突出，读者会因此而赞赏你的逻辑。

8.4.6 总结

一个精彩的总结会告诉读者 4 个方面的内容：
- 试验目的。
- 试验方法。
- 主要结果。
- 主要结论。

幸运的是，总结部分应该很容易写，因为你已经非常详细地思考了所有这些信息，甚至已经写了大部分内容。

（1）试验目的是要检验你的假设，所以只是重新引用你的假设，毕竟这是针对引言的结论。

（2）试验方法是对方法的一个概述（忽略各种细节）。借用之前的例子进行说明，"我们在是否添加 β-葡聚糖酶的情况下测定高黏度和低黏度的淀粉在肉鸡胃肠道不同区段中的降解情况"。

（3）主要结果是那些仅与假设相关的结果，不列出其他的结果，也就是你在结果部分给予特别关注的那些结果。

（4）主要结论也仅仅是那些与假设相关的结论。大多数情况下，它们可以是讨论部分的第一段或第二段的总结性句子——最重要的句子。

8.5 科学和政治的正确性

在撰写科技论文时总是会出现的问题，就是确保写你所想的内容以及论文表达的严谨、明确、简洁和科学性。这里的主要问题就是你对自己的研究工作过于熟悉，并且在初稿上花了一些时间，你可能对自己写的论文也过于熟悉。当然，你应该仔细检查初稿的印刷错误以及事实、抄录和计算等错误，但这还不够。作为论文的作者，你可能已经在初稿上花费了数周甚至数月的时间。因此，有时你可能会认为读者对论文的了解和你一样多，从而遗漏了一些对你而言是微不足道但缺乏它们可能会使读者产生误解的细节。避免出现这种情况的唯一方法是让其他人——最好是两个或更多的人——认真地审查你的初稿。你至少需要一个熟悉你研究或你研究领域的人来审查论文在科学上的正确性和可靠性。但是，如果能找到一个不是你的研究领域的人来审查论文并提出建议，你的论文可能会拥有更大的阅读群体。重要的是，这些"友好"的审核者应该与你所期望的审稿人和编辑一样严谨，这样你就能在之后的出版阶段避免出现更多的问题。

出版商和研究机构要求作者在科技论文中报告某些法定的条件。在动物营养杂志（*Animal Nutrition*）中，最常见的这些法定条件是得到官方的动物伦理委员会的批准。但是，人类伦理委员会也可能会参与（例如，在牵涉到品尝小组委员会的试验中），并且有时会对某些研究提出新的规定，如可能要求重组 DNA 的合法性报告。对于大多数读者来说，这些法律要求对科学故事的理解几乎无关紧要，因此明智的做法是将其放在对论文中信息流影响最小的地方——例如放在"材料与方法"的结尾而不是开头，但奇怪的是许多作者选择放在开头。

另一个更重要的问题是抄袭和侵权——把别人的语词据为己有。现在，抄袭也变得更为容易了，通过互联网可以很容易地获得大量电子格式的文本，这使得复制更简单。反过来，通过把新文本与已发表的大量论文进行语序对比，强大的互联网也能进而使检测潜在的抄袭成为可能。杂志的编辑也经常这样做，也有许多作者可以用来自检的免费反抄袭程序，以避免自己无意中陷入尴尬的境地。例如，作者偶尔会因被指责抄袭了自己的材料而感到震惊，他们这才意识到自己已经将原始资料的版权授权给了以前的出版商。这并不意味着你不能使用别人的语词或想法。毕竟，如果他们已经表达的想法或描述的事情比你的表达更恰当，那为什么不用呢？前提是必须正确引用原作者的话，如果是逐字引用，就需要使用引号来表明这不是你自己的话。

8.6　哪一本期刊最适合发表我的论文？

决不要忘记发表论文的首要目的——尽可能让更多的人阅读、理解并受其影响。大家认为可以轻松选出符合这一目的的杂志，但事实往往比这更复杂一些。

第一，在完成论文的写作、修改、提炼并将结果和想法付诸文字之前，你都可能无法判断你的主要读者是谁。写作守则通常会给现实带来幻想和偏见，有时会彻底改变原有的想法。因此，选择杂志应该在写作的后期完成，而不是像有些人所倡导的在写作之初。

第二，提升所谓"指标"的重要性，或者像一些讽世者所说的"量化无法量化的"，把世间万物数字化，会使决策复杂化。其中的一个指标——"影响因子"，已经变得极其重要。用一个数值来衡量杂志的质量。从广义上讲，这个数值或许是可以接受的，但像许多此类数值一样，它很快作为一个代表杂志质量的不变事实（immutable truth）而无视其初衷被人们接受了（Taylor，2015）。影响因子由其创始人 Thompson Reuters 定义为"过去两年内发表在该杂志上的每一篇论文的平均引用次数"。很显然，它对单篇论文没有任何意义，但它对信息采纳很慢的论文会有很大的影响（孟德尔对发表其突破性研究成果的杂志的影响因子毫无贡献——直到发表 50 年后该杂志才慢慢地受到人们的关注！）。但是，在提供研究资金的管理者和分销商头脑中，影响因子是极其重要的，因为它们可以提供能够被计入资助公式中的简单数字。因此，管理者鼓励研究人员将论文尽可能发表在影响因子最高的杂志上，而通常不会考虑杂志的读者群。

　　第三，一些杂志（特别是那些有较高影响因子的杂志）非常受欢迎，而且具有极高的退稿率——有些杂志的退稿率甚至高于 90%。然而，可悲的是，退稿在科技论文的投稿中变得稀松平常，且常常会打击作者的自尊心。

　　从作者的角度来看，难题是：一个更有意义和更令人满意的度量指标是引文索引或其变种如 h 指数、z 指数和其他指数，这表明单篇论文被引用的次数。如果你的论文被另一篇论文引用了，另一篇论文的读者会很自然地阅读、理解并受你的研究影响。因此，能简单地满足你在撰写此论文时的最初目的的杂志应该就是你的目标杂志。

8.7　未来科技作品的出版方式

　　互联网和功能无比强大的计算机的出现，已经使科学界出版科技作品的方式产生了鼓舞人心的改变。优点（如稿件的在线提交、编辑和处理）明显的新的出版系统几乎完全取代了 20 世纪或更长时间前早已存在的传统的邮政通信系统。但是，一个更加复杂且快速改变的发展瞄准改进同行评审系统，使研究内容比其在传统的印刷杂志中更容易获得。遗憾的是，大部分的这种发展都是试验性的，并且到目前为止还没有统一的框架，出版商也力求找到符合科技出版要求的最佳系统。

　　因此，我们有海量"开放获取"期刊，其中很多期刊很少有共同之处。开放获取的概念之所以吸引人，是因为它行使着把新的研究观点传导给最广大读者的理念，但是"开放获取"一词意味着很多内容和以多种形式进行。糟糕的是，它已经产生了许多新的且高度可疑的出版商，以杂志为欺诈工具从迫切想出版或头脑简单的作者那里骗取版面费（Bohannon，2013）。最负责任的出版商有 PLOS One 等，它们将优秀的科技论文呈现给比传统杂志更多的读者，并且没有传统杂志那么高的订阅费。此外，它们还提供新颖且有用的工具。例如，许多可靠的"开放获取"期刊要求将原始数据存储到可访问的电子存储库中。许多"开放获取"期刊鼓励向作者和读者反馈，因此将同行评审过程从出版前拓展到出版前和出版后。事实上，一些机构现在要求他们的研究人员只能将研究结果提交到"开放获取"系统上。也许这可能会成为未来的标准，但平衡出版速度和论文质量将持续是一个重要的问题。

8.8　新的出版形式是否将会改变我们的写作方式？

正如我们之前所看到的那样，最适合发表你的研究论文的地方是有尽可能多的人能够阅读、理解并受其影响的杂志，并且这至少可以通过论文被引用的次数来评估。超级计算机已经使得这成为一种日常工作，并且可以自由地利用评估值。现在，网络在线出版的激增扩大了作者和读者对现有杂志的选择范围，因此应该能够提高论文被引用的概率。但是，它不会以任何方式改变广大作者都应该遵循的科技写作的基本原则。论文无论在哪里以及怎样出版，写作都必须采用直接、严谨、清晰和简洁的表达方式。最终，要达到尽可能高的引用指数的目标就变得简单了。

选择合适的杂志或者媒介，但是，最重要的是：**写好论文**。

（魏霞译，鲍英惠、刘文峰、潘雪男校）